Das Ich und das Es

自我与本我

〔奥〕西格蒙德·弗洛伊德 —— 著
徐胤 —— 译

天津出版传媒集团
天津人民出版社

果麦文化　出品

西格蒙德·弗洛伊德（1856—1939）

目 录

超越唯乐原则

“

在成熟时期，唯乐原则的统治地位得到巩固，但它也像其他欲望一样，无法逃脱被驯服的命运。但无论如何，在刺激过程中引起快乐和不快的事物，既存在于次级过程中，也存在于初级过程中。

”

1

精神分析理论让我们理所当然地认为，心理活动必然遵循唯乐原则（Lustprinzip）。也就是说，它无一例外地因一种不快的紧张情绪而起，并最终朝着降低紧张感，也即避免不快、获得快乐的方向发展。如果在这一前提下再来审视心理过程，那就是在研究中引入了经济视角。以我们目前的认识来看，兼顾类型学视角、动态视角和经济视角的论述，才是最完整的。它们合在一起，构成了心理玄学。

唯乐原则在多大程度上与某个历史悠久的哲学体系相类似，甚至是它的延续，这并非我们的兴趣所在。我们不过是在自己的领域中论述日常观察到的事实，进而得出了这一猜想。先进性和原创性，不是精神分析所追求的目标。推导出唯乐原则的那些现象如此明显，人们根本无法对其视而不见。然而，假如有某种哲学或心理学理论能告诉我们，对我们有如“命令式”的快乐和不快感受究竟有何意义，我们仍将感激不尽。遗憾的是，在这方面我们几乎没有得到任何有用的信息。它是精神生活中最神秘莫测的一个领域，假如我们不可避免地要触及它，那么在我看来，大胆假设往往必不可少。我们决定把快乐和不快，与存在于精神生活之中、但又不与任何事物产生联系的刺激数量结合在一起，也即用不快代表刺激数量的增长，快乐代表刺激数量的减少。这并不是要在感受的强烈程度和由此带来的改变之间建立简单的关系，至少从心理生理学的经验来看，两者之间不存在直接的比例关系。或许，对感受来说，刺激在一定时间内减少或增加的幅度才是最重要的因素。在这一领域，实验或许能为我们找到切入点。但对精神分析师来说，除非特定的观察结果把我们引向此处，否则没有必要深入研究这些问题。

但当我们发现，古斯塔夫·费希纳（Gustav. Th. Fechner）这样有见地的学者对快乐和不快的看法，竟然与精神分析的主张如此相近，那我们就不能听之任之了。费希纳的观点收录在他的短文《对于有机体生成和发展史的几点看法》中，原话如下：“只要意识行为始终与快乐和不快存在联系，那我们也可以认为快乐和不快与心理物理关系中的稳定和不稳定状态存在联系。这也证实了我在别处详细论述过的假设：每一种跨过意识门槛的心理物理活动，只要超过一定界限，达到接近完全稳定的状态，就会产生快乐；反之，当它偏离这个界限一定程度，就会产生不快。而介于快乐和不快之间的这片地带，也有一定的宽度，在这儿，什么都不会产生……”

促使我们相信唯乐原则在精神生活中统治力的，还有如下事实：心理装置（seelischer Apparat）力求将其中的刺激数量降低，或至少令其保持不变。这实际上不过是换了一套说辞，因为假如心理装置的目标是让刺激数量保持在较低水平，那所有会导致刺激数量上升的事物，都会对心理装置的运行造成阻碍，也即会让人感到不快。唯乐原则源自稳定原则。实际上，推导出稳定原则的那些事实，也促使我们相信唯乐原则的存在。仔细讨论后我们还会发现，我们所假设的这一心理装置目标，实际上就是费希纳所谓“倾向稳定原则”的一个特例，而费希纳正是把这一原则与快乐和不快的感受联系在了一起。

但我们现在要指出，认为唯乐原则主宰心理过程的观点，其实是不正确的。假如这一观点成立，那快乐肯定常伴在心理活动周围，或者说心理活动必然能为我们带来快乐；而实际上，我们最普遍的感受与此完全相反。情况只可能是，我们的心灵中存在着一股遵循唯乐原则的强烈倾向，但它受到了另一些力量或因素的抵抗，所以最后的结果并不一定是获得快乐的倾向占优。我们也可以参考费希纳对类似情况的评论："然而，倾向于实现某些目标并不意味着目标已经实现，何况目标只能以近似的方式实现……"研究哪些因素妨碍了唯乐原则的执行，就又回到了一个安全又熟悉的领域，可以广泛应用我们的分析经验来回答这个问题。

第一种唯乐原则受阻的情况，对我们而言并不陌生，且在我们看来是合理的。我们知道，唯乐原则是心理装置特有的原始工作方式，但从有机体自我保存的角度看，面对来自外部世界的重重困难，它或许根本没有价值，或者说是极度危险的。在自我的自我保存欲望的影响下，它被现实原则（Realitätsprüfung）所取代。现实原则并不意味着彻底放弃快乐的获取，它主张的是推迟满足的获取，放弃一部分满足的可能性，在追求快乐的道路上暂时容忍一些不快。然而，唯乐原则在很长一段时间里，都是"桀骜不驯"的性冲动的工作方式。所以经常会出现这样一种情况：无论是在性冲动的作用下，还是在自我之中，唯乐原则都战胜了现实原则，从而对整个有机体造成损害。

但可以肯定的是，现实原则替代唯乐原则，只能解释一小部分不算最强烈的不快感受。当自我发展到更高、更紧凑的阶段时，另一种合理的不快疏导方式，是心理装置中的冲突和分裂。心理装置所需的一切能量，几乎都来自它自带的欲望冲动，但这些冲动不一定都能被批准进入同一个发展阶段。在这一过程中，一种情形反复出现：某个欲望或欲望组成部分的目标和诉求，可能与另一些欲望的目标和诉求产生冲突。两者合在一起，方才组成了全面、统一的自我。于是，它们在统一自我的压抑作用下，滞留在了较低的心理发展层级中，暂时无法得到满足。那些被压抑的性冲动，很容易便绕道他途，实现直接或替代性的满足。它们的目的达到了，这本应给人带去快乐，但自我却因此感到不快。就在某些冲动试图依照唯乐原则寻求新快乐的时候，这一原则因为受排斥的旧矛盾，又产生了新的裂痕。为何压抑作用能把快乐的可能变成不快的源泉，我们尚不得而知，或者说这一切很难解释清楚。但所有精神症的不快都属于这一性质，它们是一种无法被当作快乐感受的快乐。[1]

这里所介绍的两种不快，尚未覆盖我们的大多数不快体验。但就剩下的这些而言，我们可以不无道理地说，它们的存在与唯乐原则的统治性并不矛盾。我们所感觉到的多数不快，都是感受的不快，它要么是冲动未能满足所引起的压迫感，要么是外部感受。这种外部感受可能本身就是痛苦的，也可能在心理装置中引起充满不快的期待，被它视作“危险”。心理装置的本职工作，是对这些欲望的诉求和危险的威胁做出反应。

1　关键在于，快乐和不快都作为有意识的感受，紧密围绕在自我身旁。

这种反应可以以正确的方式，由唯乐原则或是修正唯乐原则的现实原则引导。这样一来，我们似乎无须对唯乐原则做进一步限制。但是，研究针对外部危险的心理反应，恰恰能为我们手头的问题带来新的素材和议题。

2

在经历过外力撞击、火车相撞等有生命危险的事故后，当事人往往会表现出一种可被称作“创伤性神经症”的状态。那场刚刚结束的惨烈战争，就引发了许多这样的病例。但至少这样一来，人们不再把这一现象归因于外力所造成的神经系统组织损伤。创伤性神经症的病状近似歇斯底里症，它与后者一样有着类似的运动性症状，但在两个方面还远超后者：其一是患者多臆想自己承受主观痛苦，这一点与疑心病和忧郁症类似；其二，其患者的心理活动受到了更加全面的削弱和伤害。无论是战争神经症还是和平时期的创伤性神经症，我们都尚未洞悉其本质。在战争神经症中，同样的病状有时也在没有野蛮外力的情况下出现。这看似对我们有所启迪，但很快又让我们陷入了迷茫。在普通的创伤性神经症中，有两个现象值得我们深思：第一，疾病的主要诱因是受到意外的惊吓；第二，同时遭受伤害或损伤，反倒会抑制神经症的出现。我们常把惊悸（Schreck）、畏惧（Furcht）和恐惧（Angst）当作同义词使用，这其实是不恰当的。从三者与危险的关系中，就能找出不同。恐惧形容的是一种期待危险到来并为之做好准备的状态，虽然这种危险可能是不确定的。畏惧需要一个特定的、令人生畏的对象。惊悸则是一个人在毫无准备的情况下身陷险境所表现出的状态，它强调的是惊吓。我并不认为恐惧能够诱发创伤性神经症，在它身上有某种东西，能够避免惊悸的产生，从而避免惊悸性神经症的出现。稍后，我们还将回过头来继续讨论这句话。

对梦的研究，被我们视作深入研究心理过程的最可靠途径。创伤性神经症的梦境表现出如下特征：它一再把患者带回事故发生的场景中，直到他在惊悸中醒来。这样的例子，简直不胜枚举。有人认为，这恰恰说明创伤性经历给当事人留下了深刻的影响，所以它在睡梦中还要反复骚扰患者。也就是说，患者对创伤产生了心理上的固置。早在研究歇斯底里症时，我们就曾遇到过这种对某一经历的固置作用诱发疾病的情况。布劳尔（Joseph Breuer）和我本人曾在 1893 年指出：困扰歇斯底里症患者的正是回忆。费伦齐和西美尔等观察者在研究战争精神症时，也用创伤固置去解释某些运动性症状。

但我却从没听人说起过哪位创伤性神经症患者会在清醒状

态下陷入对事故的回忆。或许他们正努力不去想这件事情。谁若认为夜间的梦把患者带回致病场景是一件很自然的事情，那他肯定是对梦的本质存在误会。更为符合常理的情况，是梦把健康时的场景或是人们所期望的痊愈展现在患者面前。假如我们在事故所引发的神经症患者所做的梦面前，依然不为所动，坚持认为梦是愿望的满足，那就只能解释如下：跟其他许多情况一样，梦的功能也被撼动，偏离了它本来的目的。否则，我们就得想一想自我那神秘的受虐倾向。

我建议避开晦暗难明的创伤性精神症不谈，转而借助婴幼儿时期的一项正常行为，对心理装置进行研究。我指的是孩童的游戏。

不久前，普费弗（Sigmund Pfeifer）刚刚在《偶像》（第五卷第四期）撰文，总结了孩童游戏的诸多理论要点。我想提醒诸位留意这篇文章。这些理论试图猜测孩童游戏的动机，却并没有把经济视角——对获得快乐的考虑——放在首位。曾经有人让我解释一位一岁半男孩第一个自创的游戏。在此，我不想叙述整件事的来龙去脉。这不单是匆忙观察的结果，因为我和这位男孩及其父母在同一个屋檐下待了几个星期。直到很久以后，我才明白这一不断重复的神秘行为的含义。

这个孩子的智力发展不算太快，一岁半才开始零星说些能让人听懂的话，还能发出一些重要的、可被周围人理解的声响。但他与父母及某一个侍女保持着良好的关系，也曾因“品德高尚”受人赞扬。他不在晚上打扰父母，也遵守“不得触摸一些东西”“不得进入特定房间”这样的规定。最重要的是，他虽然依恋母亲，但如果母亲要出去几小时，他也从来不哭。要知道，母亲不仅喂养了孩子，还在没有任何外来帮助的情况下负责照顾他。这个勇敢的孩子只会偶尔表现出一个怪癖：他会把自己所有的小物件拖到一个偏僻角落或是藏到床底下。这样一来，要找回他的玩具甚至都不是一件容易的事情。他做这些事情的时候，嘴里还发着“哦……哦……哦……哦”的长音，像是在表达他对此事的兴趣和满足感。孩子母亲和观察者一致认为，这个声音不是感叹词，而是代表“不见了”的意思。最后我发现，一切只是一场游戏，这个孩子的所有玩具，都是玩这个“不见了”游戏的道具。终于有一天，我的观点得到了观察结果的证实。这个孩子有一个上头卷着绳子的木桶。他没有像拉小车一样把这个玩具扔在地上拖拽，而是无视床上套着的床罩，熟练地把它扔到小床的边上。木桶消失后，他又发出了那标志性的叫声（“哦……哦……哦……哦”），旋即把木桶从床缝拽出，一边欢呼道：“在这儿！”消失和重现，才是整个游戏的全部，而人们往往只看到了前半部分。这一部分被当作游戏反复品玩，但更大的快感显然来自后半部分。[1]

这个游戏的秘密很快迎刃而解。它与孩子的文化素养提高有关。随着他开始放弃欲望的满足，他不得不容许母亲暂时离开。作为对自己的补偿，他用手头的东西自导自演了一场“消失和重现”的游戏。从对这个游戏进行情感评判的角度来说，它究竟是孩子自己发明的，还是从别的地方学来的，其实都无关紧要。我们的兴趣点在另一个方面。母亲的离开，对于孩子显然不是愉快或无所谓的事情。他把这个痛苦的经历当作游戏反复演绎，这又如何与唯乐原则相符呢？有人或许会说，快乐来自“重现”，而“消失”是“重现”的前提条件，后者才是这个游戏真正的目的。但有一点却说不通：“消失”这一行为可以单独作为游戏存在，而且它出现的频繁程度要远胜于给人带来快乐的“重现”。

仅仅分析这样一个孤例，尚不能给出肯定的结论。从不带任何偏见的角度看，这个孩子做这个游戏，似乎还有别的动机。他在与母亲分离的经历中处于被动的角色，却作为主动者反复主导一个并不怎么愉快的游戏。这种追求可能是某种控制

1　这一分析得到了另一个观察现象的证实。有一天，母亲离开好几个小时，回来后只听见孩子冲她说：“宝宝，哦……哦……哦……哦！”起初我们还不明白这话的意思，后来才发现，在独处的这一大段时间里，这个孩子已经找到了让自己“消失”的办法。他在落地镜里看见了自己的影子，又以蹲下身子的方式，让自己的影子消失。

欲的表现，这种欲望与回忆是否愉快无关。但我们也可以尝试给出另一种解释。扔掉某样东西，让它“不见了”，可能是为了满足报复母亲的欲望。这种欲望的起因是母亲的离开，它在日常生活中受到抑制。所以，这一行为的潜台词是：行，那你走吧，我不需要你，我亲自送你走。我第一次观察他时，他才一岁半。一年后，他开始习惯性地把一个他不喜欢的玩具扔到地上，一边喊：“去打仗吧！”当时有人告诉他，他的父亲打仗去了，所以不在家。他不但不想念父亲，还借助这一举动，表明独占母亲、不被打搅的愿望。[1] 从其他一些孩子身上，我们也能观察到类似的现象：他们用物体代替人，以摔东西的方式表达自己的敌意。所以我们不禁要怀疑，对给人留下深刻印象的事物进行心理加工，并借此将它克服的冲动，是否是一个原始的、独立于唯乐原则之外的过程。在眼下讨论的这个案例中，这种令人不快的印象之所以重复出现，完全是因为这一重复过程与另一种更为直接的快感产生了联系。

即便对孩童的游戏做进一步追踪，也无法帮助我们在两种意见之间做出选择。我们注意到，孩子们会在游戏中重复一切给他们留下深刻印象的生活经历，借此摆脱这一印象的影

1　这个孩子五岁零九个月的时候，他的母亲去世了。在母亲真的“不见了”之后，这个男孩也毫无悲痛之情。但这是因为此前母亲又生了第二个孩子，引发了他强烈的忌妒情绪。

响，从而达到掌控全局的目的。但另一方面，他们的这些游戏显然都受到一种愿望的驱使，那就是尽快长大，像成人一样行事。这种愿望，在孩童时期尤为强烈。我们还观察到，一种经历即便不怎么愉快，依然可被用于游戏。被医生检查喉咙并动小手术的可怕经历，肯定会成为下一场游戏的内容。显然，这种游戏的快感来自其他方面。当孩子们从被动的体验者变成主动的游戏者时，他们把自己从前所遭遇的不快，都转嫁到了玩伴身上，并借这个替代者达到报复的目的。

从以上论述中我们不难发现，把特殊的模仿欲当作引发游戏的动机，本身就是多余的假设。我们不应忘记，成年人的艺术游戏和模仿与孩童的行为不同，它完全把观众当成目标。正如悲剧给观众们带去了极度痛苦的体验，最后反倒让他们感到无比欢愉。所以我们相信，即便是在唯乐原则的主宰下，依然可以找到一些使不快成为回忆和心理加工对象的方法和手段。我们当然可以用经济的美学去研究这些最终带给人快感的案例和情况，但它对我们的研究并没有什么帮助，因为它的前提是唯乐原则存在并占据主导地位。它无法证明在唯乐原则之外，还有独立于它、其他更原始的倾向存在。

3

二十五年的迅猛发展，也令精神分析技术的直接目标，较之创立之初发生了明显的变化。起初，精神分析医生力求猜测病人所察觉不到的潜意识内容，将它们整理完毕并适时告知患者。毕竟，精神分析首先是一种解析手段。但这种方法不能完成治疗任务，所以我们很快就改进了方法，让患者用自己的回忆为我们所提出的结构体系提供佐证。在这一过程中，最大的阻碍是患者的反抗。我们要做的，就是迅速甄别反抗的来源，将它摆在患者面前，人为地对他施加影响（主要依靠“移情作用”的暗示），动员他放弃抵抗。

但我们很快又发现，这种方法依然不能完全实现既定的目标，无法让潜意识的内容进入意识之中。患者回忆不起被压抑在他心中的所有内容，而且缺失的或许就是最本质的部分，所以他不愿意相信我们所告诉他的结构体系。这时候，他必须把被压抑的事情当作现在的经历来重复，而不是像医生们所期望的那样，把它当成过去的片段来回忆。这一重复的过程，具有我们所不愿看到的忠实性，它的部分内容来自婴儿的性生活、俄狄浦斯情结及其后续发展，并定期以移情的方式，也即在患者和医生的关系中表现出来。如果在治疗中出现这一情况，那我们可以说，早期的神经症已经被新近出现的转移性神经症所取代。医生努力的方向，是尽量限制转移性神经症的范围，把尽可能多的事物逼迫到回忆之中，尽可能不给它们留下重复发生的余地。回忆和重复的关系，在每个案例中都有所不同。一般来说，医生的治疗不能帮助患者跳过这一阶段。医生必须允许一定数量的被忘却的记忆重新复活，他要做的是保持权威性，让患者时刻明白眼前所谓的“现实”不过是被遗忘的过去的镜像。实现了这一点，就能赢得患者的信赖，从而有望取得治疗的成功。

要理解在对神经症患者做精神分析治疗过程中出现的“强迫性重复”，我们必须摆脱一种错误的看法，即不应认为我们所要战胜的反抗源自潜意识。潜意识，也即那些被压抑的内容，根本不会对治疗造成任何阻碍，因为它们的目标正是摆脱身上的压力，从而达到进入意识之中或是以实际行动得到疏导的目的。治疗中的抵抗，来自精神生活中更高的层次和体系，当初也是它把一些内容排挤到了潜意识之中。但因为根据一般经验，抵抗的动机最初存在于潜意识之中，所以我们必须改进表述中不恰当的部分。只需用相关联的自我和被压抑的事物之间的对立，去取代意识和潜意识的对立，一切就会趋于明朗。自我中的许多内容，显然是属于潜意识的，我们甚至可以把它们视作自我的核心部分。而在自我中，只有很小一部分可被称为“前意识”。在用系统化、动态化的表述方式替代了纯描述性的表述方式后，我们可以说：被分析者的抵抗来自他的自我。这样我们很快就会发现，强迫性重复源自被压抑到潜意识中的内容。在压抑作用被适当的治疗手段解除之前，它们可能根本无法发声。[1]

毫无疑问，来自意识和前意识自我的反抗遵循唯乐原则。它想要消除被压抑的内容得到释放所造成的不快。我们的努力，就是借助现实原则，允许这些不快出现。那么作为被压抑内容力量体现的强迫性重复，又与唯乐原则存在什么关系呢？显然，强迫性重复的大多数诉求，都只会给自我带来不快，因为它使得被压抑的欲望冲动被暴露在外。但这些不快是我们早已预料到的，它与唯乐原则并不矛盾。它对于一个体系是不快，对另一个体系却是满足。但我们要指出一个最为奇特的新发现：有些过去的经历不包含任何愉悦的可能，当时不会给人带来满足，甚至也不会给被压迫的欲望冲动带去满足；但强迫性重复也让这类经历重新进入了我们的世界。

婴儿的性生活在经历了早期的繁荣后，因愿望和现实水火不容，且不符合孩童的发展阶段，注定要走向灭亡。这一过程伴随着最为悲伤的诱因和最为痛苦的感受。爱的丧失和失

1　我曾在另一个场合研究发现，治疗的“暗示效应”有助于解决强迫性重复问题。这种暗示使得患者顺从医生的指示，其根源是深藏在潜意识中的双亲情结。

败的经历，对自尊造成了永久的损害，给他们留下了一个自恋的伤疤。按照我的经验和马西诺夫斯基（Johannes Jaroslaw Marcinowski）的论述，这也是常见于神经症患者身上的“自卑感”的最大诱因。孩童对性的探索，因为身体发育的限制最终得不到满足，所以后来才会有人抱怨说：我什么都完不成，啥都做不好。孩童往往与异性的父母一方存在柔情联系；可这种联系却一再让他失望。他无助地等待着对方满足他的需求，对新出生的孩子充满忌妒，因为这是所爱之人不忠于他的铁证。他曾以悲剧般的肃穆，试图自己生出一个孩子来，但这一努力却以令人蒙羞的方式以失败告终。儿时的柔情逐渐丧失，教育的要求越来越高，再加上严厉的苛责和一次偶然的惩罚，让他觉得自己遭到了他人的鄙夷。孩童时期典型的爱宣告结束的方式，往往也有特定的轨迹可循。

神经症患者通过移情作用，以十分娴熟的方式使得这些不受欢迎的诱因和痛苦的情感状况重新活跃开来。他们想要中断尚未完成的治疗，让那种遭人鄙夷的印象重新出现，所以迫使医生对他们严厉指责、冷眼相对。他们为自己的忌妒找到了合适的对象。他们不再心心念念地想要生孩子，转而要求别人答允送他贵重到不现实的礼物。从前，没有任何事物能带给他快感；有人可能会想假如今天这一切只是作为回忆或梦，而不是作为新的经历出现，那这种不快可能会被弱化一些。这当然是那些想要获得满足的欲望所做出的行动，只不过它不但没能实现满足，反倒继续给人带来不快。尽管如此，这些行为就像受到强迫，依然不断重复。

精神分析在神经症患者身上揭示的移情现象，在未患神经症的人身上也有出现。它往往给人一种印象，仿佛这一切就像着了魔一般，都是命运使然。但精神分析从一开始就指出，这些人的命运大部分都是自作自受，是受婴儿早期影响的结果。即便这些人身上并未出现任何神经症冲突所引发的症状，但他们所表现出的强迫性，与神经症患者的强迫性重复并无差别。我们发现，有些人的人际关系总以同样的方式告终：他们乐善好施，为形形色色的人提供庇护，却总会在一段时间后被他们激怒，似乎注定要尝尽恩将仇报的苦头。有些男人每结交一个朋友，就会遭其背叛。另一些人穷其一生，不断重复一个过程：把一个人树立成权威，公开支持他，过一段时间后又将他推翻，换新人上位。有些陷入情网的男子，其与女人的亲密关系总会经历相同的阶段，并以同样的方式结束。假如这一切是当事人的主动行为，假如我们能在他们身上找到某种一成不变的、可能导致同样经历重复出现的性格特征，那我们当然不会对这种“同一事物不断反复”的情况感到惊讶。更让我们感到惊奇的，是那些当事人并无作为，仅仅被动经历一切，却依然遭遇同一种命运的情况。例如，一位妇人连续三次嫁人，她的丈夫们却在结婚不久后相继患病，在她的照料下死去。[1] 塔索（Torquato Tasso）在他的浪漫史诗《被解放的耶路撒冷》中，以最为动人和诗意的方式描述了类似的命运安排。英雄唐克雷蒂在不知情的情况下，杀死了自己所钟爱的克洛琳达，因为后者穿着敌军骑兵的衣服与他作战。在将她埋葬后，唐克雷蒂进入了魔法森林。这座森林阴森恐怖，让十字军成员望而却步。在那里，唐克雷蒂用剑劈开了一棵参天大树，可切口处却涌出鲜血。被禁锢在树中的克洛琳达的灵魂，此时开始对他展开控诉，因为他又一次伤害了自己的爱人。

通过对移情行为和人类命运的观察，我们可以大胆猜测，精神生活中的确存在超越唯乐原则的强迫性重复。我们现在也倾向于把因意外事故患上神经症的人的梦和孩子们做游戏的冲动归为此类。但我们必须明白，只有在极少数情况下，我们才能不借助其他动机，明确这种强迫性重复的影响。在分析孩童的游戏时，我们已经强调过，它的诞生还存在其他解释。在这种情况下，强迫性重复和直接、愉快的欲望满足似乎产生了紧密的合作。自我坚持进行压抑作用，移情作用显然在为自我的反抗服务。原本愿意接受治疗的强迫性重复，则被坚

1 参见卡尔·古斯塔夫·荣格（C. G. Jung）在《父亲对个体命运的意义》中恰到好处的评价。

持唯乐原则的自我拉拢了过去。经过理性思考后，我们似乎对所谓“命运的强迫”有了不少了解，所以也就无须把它视作一种新的、神秘的动机。最为可疑的，或许是意外事故所引发的梦，但细思之下，我们不得不承认一点：即便是在别的案例中，我们已知的动机也无法解释所有的事实。我们有足够的理由，为强迫性重复的存在辩护。与被它挤到一旁的唯乐原则相比，强迫性重复似乎更为原始、更为基础，也更是一种本能。假如心灵之中真有强迫性重复存在，那我们当然迫切想知道它的功能、它起作用的前提，以及它与唯乐原则的关系。毕竟到目前为止，我们一直认为唯乐原则主宰了精神生活中的兴奋过程。

4

接下来的论述都是猜想，而且是颇为大胆的猜想，每个人可以依据自己的立场，对它表示赞同或反对。它旨在围绕某个观点展开持续的研究，而我们好奇的是，这么做究竟会得出什么结论。

我们的这一精神分析猜想，来自研究潜意识过程中所得到的印象：意识不是精神生活最普遍的特征，而只是它的一个特殊功能。用心理玄学的术语来说，意识是一个特殊体系的成就，我们把这个体系称作“意识体系（Bw.）”。因为意识在本质上既是对外界刺激的感受，又是仅来自心理装置内部的愉快和不快的感觉，所以我们可以给这个“感受－意识体系（W-Bw.）”一个空间定位。它必定存在于内外之间，在面向外部世界的同时，又包含了其他的心理体系。我们旋即发现，这一假设并无新意，它与局部解剖学对大脑结构的分析不谋而合，后者认为意识的“驻地”在脑皮层，也即大脑这一中枢器官最外部的包裹层。大脑解剖学无须说明意识为何位于大脑皮层，而不是在更深层的地方——这就是解剖得到的事实。或许我们基于“感受－意识体系”的推导，会给解释这个问题带来帮助。

具有意识并不是“意识体系”过程的唯一特性。根据我们从事精神分析研究的经验，所有来自其他体系的刺激过程都会在意识系统中留下永久的痕迹，成为记忆的基础。这些记忆的残留与进入意识的过程无关。如果留下这些记忆残留的过程此前从未进入过意识，它留给人的影响反倒更为强烈、持久。但我们很难相信，这些刺激过程也会在“感受－意识体系”中留下永久的痕迹。如果这些痕迹一直留在意识之中，它们很快就会限制整个体系接纳新刺激的能力；但假如它们存在于潜意识之中，那我们必须证明在这个伴随着意识现象运行的体系中，还存在着潜意识。我们假定意识化过程属于一个特殊的体系，但这既没有改变什么，也没有给我们带来收获。虽然这一考虑并没有足够的必然性，但我们不妨假设：对同一个体系而言，“意识化过程”和“记忆残留”两不相容。可以说，在意识体系中，刺激过程进入意识，但没有留下永久的痕迹；这些支撑回忆的痕迹，随着刺激的蔓延，进入了下一层级的内部体系中。我在1900年出版的《梦的解析》一书中为了说明这一问题，在推理章节[1]插入一张图表。考虑到我们很少能从其他渠道了解到意识诞生的过程，我们不得不承认，“意识取代记忆痕迹出现”这一论断至少有一定道理。

所以，“意识体系”可能具有如下特征：其中的刺激过程不像在其他心理体系中那样，对它本质造成永久的改变，它在意识化的现象中早已烟消云散。这种不同寻常的现象，只能用这个体系所独有的特征去解释。我们很容易想到，意识体系不同于其他，它暴露在外，直接与外部世界接触。

我们不妨尽可能简化有机体的结构，把它看成是一个尚未分化、易受刺激的小囊泡。它与外界相接触的表皮，因为位置特殊发生了分化，成为接受刺激的器官。胚胎学在复原了细胞的发育史后也发现，中枢神经系统发端于外胚层，而大脑皮层

1　译者注：指《梦的解析》第七章。

灰质区正是原始细胞表皮的后裔，可能也继承了后者的基本特征。我们很容易设想，由于猛烈的外部刺激，囊泡表皮的物质发生了一定程度的变化，它的兴奋过程也有别于更深层次的兴奋过程。最后，囊泡外头分化出了一个皮层，它深受刺激的影响，也具备了接受刺激的有利条件，所以也就不可能继续变化。假如把这一套移植到意识体系中，那就意味着一点：意识体系中的元素之所以在兴奋通过时不会发生永久变化，是因为它们已为适应这种刺激做出了改变。作为补偿，它们具备了产生意识的能力。这种物质和刺激过程的改变如何发生，可以有多种解释，但它们目前都无法被证实。我们可以认为，刺激在从一个元素传递到另一个元素的过程中，必须克服阻碍。伴随着阻碍的减少，刺激也就留下了永远的痕迹（传导轨迹）。而在意识体系中，从一个元素到另一个元素之间不再存在过渡性阻碍。这一观点，可与布劳尔的理论联系起来。布劳尔认为，在心理体系的元素中，休止（受约束）的占有能量和自由活动的占有能量存在差别。意识体系中的元素，仅具备自由活动的占有能量，不具备休止的占有能量。但我认为，对于这些不太确定的关系，我们还是不要过于言之凿凿。无论如何，我们已经通过猜想，在意识的诞生和意识体系的位置及它特殊的刺激过程之间建立了一定联系。

对于囊泡及其接受刺激的皮质层，我们还有一些要讨论的内容。这一不起眼的生命物质游走在能量无比强大的外部世界中，假如没有防护刺激的措施，很快就会败在外部世界的影响之下。于是，囊泡最外侧的表层放弃了它应有的结构，以接近于无机体的方式，成了作为一层抵御刺激的外壳或薄膜。也就是说，这一表层的存在，使得仅有的一小部分外界能量被传导到下一个有机表层，再由后者处理这些穿透了防护层的刺激。外表层的坏死，使得所有深层皮层免遭同样的命运。至少在外来刺激冲垮防护层之前，这样的情况能得以保持。对于有机生命体来说，对刺激的防护是比接受刺激更为重要的任务。由于它自身就有能量储备，所以必须保护内部能量特殊的消耗方式，使其不受外部能量的影响。因为它们追求同样的目标且过于强烈，由此带来的影响几乎是毁灭性的。它接纳外界刺激，只不过是为了了解外界刺激的目的和方式，所以浅尝辄止即可。在高度进化的有机体中，从前囊泡接收外界刺激的皮层早已回归身体内部，但仍有一部分遗留在表面，紧挨着普通的刺激保护层。这就是感觉器官，它们一方面是接受特定刺激影响的组织，另一方面也是防御过强刺激、抵制不当刺激的组织。它们的典型做法，就是只处理极少量的外部刺激，也即从外部世界采样。或许我们可以把它们比作一根根触角：它们当然要试探外部世界，但往往一触即返。

接下来我要简略提及的话题，其实值得深入研究。“时间和空间是我们思维的必要形式”——这句康德名言的正确性，在精神分析的认识面前有待商榷。我们发现，潜意识的精神过程没有时间性。这首先意味着潜意识中不存在时间先后，潜意识也不因时间改变，时间观念在潜意识中毫不适用。这些隐性特征，只有在与意识心理过程的对比中才会显现出来。我们抽象的时间观念，似乎正是从“感受－意识”体系的工作方式中得来的。它同时也符合这一体系的自我感知。一个体系以这种方式运作，就需要另一种抵御刺激的方法。我知道自己有些语焉不详，但也只能点到为止。

我们已经说过，有机囊泡依靠一道防御层抵御外部世界的刺激。同时我们也认定，与之相邻的有机皮层分化成了接受外来刺激的器官。这一敏感的皮层与后来的意识体系一样，同时接受来自内部的刺激。这个体系介于内外之间的定位及它接受内外影响的不同条件，都对它和整个心理装置的功能起到了至关重要的影响。面向外界的一面，由于有刺激防御层的存在，只感受到过滤后的外来刺激；而面向内部的一面，则不存在刺激防护层，所以来自深层的刺激以直接、未经缩减的方式作用于整个体系。这一刺激过程的某些特征，让人感受到了许多快乐和不快。但是，内部刺激因其强烈程度和其他质量特征（如振幅），可能会比外来刺激更适应体系的工作方式。但这些关系决定了两件事情：首先，快乐和不快作为评估心理装置内部过程的指数，比任何外部刺激更受偏爱。其次，那些带来过多不快的内部刺激，也会得到额外的关照。人们往往倾向于把它们看作外部刺激而不是内部刺激，从而调动所有抵御刺激的手段对付它们。这就是在致病过程中起着重要作用的“投射”的起源。

以上这番思考，使得我们对唯乐原则的统治力有了进一步的理解。但对于那些违背这一原则的案例，我们还没能给出解释。所以我们需要在此基础上再进一步。那些强烈到足以突破刺激保护层的外部刺激，我们称之为“创伤性刺激”。我相信，创伤意味着突破原本有效运作的刺激屏障。像外部创伤这样的事件，必定会给有机体的能量运作造成极大障碍，从而激活其中所有的防御手段。在这个过程中，唯乐原则首先失效。既然心理装置中涌入大量刺激已经成为不可逆的事实，那我们就面临新的任务，即征服这些刺激，在心理上约束这些闯入的刺激，直至将它们消除。

或许，躯体受痛所带来的特殊不快，正是刺激在一定范围内突破防护层的结果。这时，刺激源源不断地从皮肤边缘传向中枢器官，而此前这种刺激只来自心理装置内部。那么精神生活会对这一不速之客做出什么反应呢？占有能量会从四面八方涌来，在被突破的区域周围相应地屯兵威慑。为了配合这次“反入侵行动”，其他的心理系统都降低了活跃度，这导致其余的心理功能大规模瘫痪或受挫。我们试图从这些例子中学到一些东西，在这些范例的基础上进行我们的心理玄学猜想。从这一行动中，我们可以总结出一点：一个具有强大占有能量的体系，可以接纳外来的能量，把它转换成休止的能量，也即在心理上对它进行约束。自身的占有能量越大，其约束力就越强。反之，占有能量越小，体系就越难接纳外来的毁灭性力量，刺激防护层遭到突破的后果就越加严重。有人或许会反驳说，入侵点周围占有能量的增加，是因为入侵的能量被当场转化成了占有能量。这种观点显然是不正确的，因为它只能解释心理装置中的占有能量为何会增加，却无法解释其他体系活跃度降低、让人感到痛苦的情况。而我们的解释则与强烈的痛苦感受并不矛盾，因为这些感受是像条件反射一样自己出现的，心理装置没有参与整个过程。这种被我们称作心理玄学的讨论具有很大不确定性，这是因为我们对心理体系本质中的刺激过程缺乏了解，也不敢对它妄加猜测。所以我们推导出的每个公式中，都存在着一个未知数。这一过程由数量不同的能量完成，是很容易推导出的结论。它具有不止一种质量特征（如振幅），在我们看来是可能的。近来，我们还考虑到了布劳尔的理论，认为存在两种不同的能量满足方式：一种是自由流动的、追求释放的能量满足，另一种是心理体系（及其元素）中休止的占有能量。还有一种猜测，也是我们所能接受的：涌入心理装置的能量，从自由流动状态被转化为休止状态，由此受到了约束。

我们不妨大胆猜测，普通的创伤性神经症是刺激保护层被大规模突破的结果。这样一来，古老、幼稚的休克论就要给更符合心理学原理的后来者让贤了。后者强调，致病因素不是机械的暴力影响，而是惊悸和对生命的威胁。这种对立并非不可调解，但精神分析理论对创伤性神经症的看法，显然与最为粗陋的休克理论形式存在差别。后者认为，休克的本质是神经元素的分子结构或组织结构遭到破坏，而我们则在心理器官刺激保护层被突破及由此产生的一系列任务中寻找原因。对我们而言，惊悸也具有十分重要的意义。它产生的前提，是缺乏对恐惧的准备，这导致最早接纳刺激的体系中缺少足够的占有能量储备。因此，这一体系没法很好地约束外来刺激，刺激保护层被突破，也更容易酿成严重的后果。我们认为，对恐惧的准备，也即在最早接纳刺激的体系中做好足够的占有能量储备，是应对刺激的最后一道防线。在许多创伤案例中，一个体系是否有充足的准备，直接决定了最后的结果。当然，如果创伤超过了一定的强度，那这一切就不再重要了。由于意外事故患上神经症的人，往往会在梦中不断回归意外发生的场景。但这类梦不是愿望的满足，不是唯乐原则主导下的幻觉。我们有理由猜测，这类梦有着另一项任务，而且这项任务必须在唯乐原则起作用之前得到解决。这类梦试图以引发恐惧的方式征服刺激，因为当初正是恐惧的缺失诱发了创伤性神经症。这些梦使得我们得以了解心理装置的作用方式，它不与唯乐原则相矛盾，却也不依赖唯乐原则，且比追求快乐、避免不快的目的更为原始。

我们一直说梦是愿望的满足，现在似乎到了介绍例外情况的时候。我一直强调，恐惧的梦不是例外，那些受罚的梦也不是例外，因为它用适当的惩罚取代了被唾弃的愿望，也就是说梦满足了人在负罪感的驱使下甘愿认罚的愿望。但上述这类由意外事故引起的神经症患者的梦却不能用愿望满足来解释，我们在精神分析过程中遇到的那些回忆起童年心理创伤的梦也不属于这个系列。它们更多的是在遵循某种强迫性重复；在分析的过程中，我们力求通过“暗示”，促使患者回忆起被遗忘或压抑的事情，这种强迫性重复就是在这时出现的。所以，梦虽然可以让造成困扰的冲动得到满足，从而消除妨碍睡眠的动机，但这并不是它的原始功能。只有在唯乐原则统治整个精神生活后，这一切才能够实现。假如有“超越唯乐原则”的事物存在，那在某一时期内，梦可能并不具有满足愿望的倾向。但这并不妨碍梦随后发挥它的作用。不过，一旦开了先例，新的问题就又来了：这些为了在心理上约束创伤性印象而陷入强迫性重复的梦，是否也会出现在精神分析的范围之外呢？答案是肯定的。

我在别处曾经指出，“战争神经症”只要指的不只是引发痛苦的原因，就很可能是自我冲突所诱发的创伤性神经症的一种。我们在第二节中曾经提到过，如果创伤经历同时给人带来了外伤，神经症发病的机会相应减少。如果把精神分析研究一贯强调的两层关系考虑在内，这一点其实不难理解。首先，机械振动是性冲动的来源之一。其次，一个人长期处于急剧痛苦的患病状态，也会对其力比多分布产生重大影响。所以，创伤的机械力量会解放大量的性刺激，让后者在对恐惧缺乏准备的情况下，造成创伤性的效果。假如身体损伤同时出现，那受损器官中就会集结自恋性的占有能量，从而对多余的刺激产生约束。有一个众所周知的现象，尚未引起力比多理论的足够重视：忧郁症这类力比多分布严重紊乱的疾病，可能因为间发的机体疾病暂时消失，甚至已经彻底成形的精神分裂症，也会在上述情况下暂时得到缓解。

5

接受刺激的皮层，对于内部刺激缺乏防护。这就导致这类刺激传导具有较大的经济优势，甚至常常诱发与创伤性神经症同样严重的经济障碍。这类内部刺激最主要的来源，是所谓的机体冲动。它们代表了所有产生在躯体内部、被传导到心理装置中的力量影响，也是心理学研究中最重要但也最模糊的要素。

这样的假设，其实不算大胆：由冲动所引发的刺激，不是那种受到约束的刺激，而是自由活动、寻求释放的刺激。通过研究梦的工作原理，我们对这一过程有了很好的了解。我们发现，潜意识体系和（前）意识体系过程有着本质差别。潜意识中的占有能量很容易被彻底转换、移动或压缩。同样的情况如果发生在前意识的素材中，则不会那么乐观。梦根据潜意识的法则对来自前意识的日间残念进行加工，所以显性梦境才会具有那样的特征。我把这类潜意识中的过程称为“初级过程”，从而把它与常人清醒时的“次级过程”区分开来。由于所有的欲望冲动都主要攻击潜意识体系，所以它们理所当然地遵循“初级过程”。另外，我们很容易就能发现，心理的“初级过程”就是布劳尔提出的“自由移动的占有能量”，“次级过程”则等同于“受约束或需要增强的补充能量”。这样一来，较高层次心理装置的任务，就是约束到达“初级过程”的欲望冲动。这一过程如果出现差池，就会产生一种类似创伤性神经症的障碍，只有成功约束了欲望冲动，唯乐原则（及其对现实原则的修正）才能占据统治地位。在此之前，战胜或约束刺激才是心理装置的首要任务。这一点虽然不与唯乐原则相矛盾，但也并不依赖于它，甚至在一定程度上不顾及它的感受。

从我们对孩童早期精神生活行为和精神分析治疗经历的论述中不难看出，强迫性重复的表现具有欲望特征。当它与唯乐原则发生冲突时，还会显露出恶魔般的特征。在研究孩童游戏时我们发现，孩童不断重复一个并不愉快的经历，是因为这一举动能帮助他更为彻底地摆脱某种强烈的印象；假如只是被动地经历一切，这个目标不可能达到。每一次新的重复，都使他离所追求的目标更近一步。即便对于愉快的经历，孩子们也会不断重复，并且坚持在反复过程中保持一致性。一个笑话第二次听，就几乎没了“笑果”；第二次看一场戏剧演出，绝不会再获得初看演出的体验；一个成年人读完一本书，对它爱不释手，却也不太会当即将它读上第二遍。孩子们却孜孜不倦地要求成人重复为他表演，或是反复陪他做同一个游戏，直到后者累得筋疲力尽，不愿再继续。孩童一旦听到一个有趣的故事，就会反复要求听这个故事，而不是听一个新的故事。他坚持要求每一遍的故事都一模一样，甚至还会纠正讲故事的人为了说出些新意所做的任何改动。这一切并不与唯乐原则相矛盾；显然，不断重复一件事情、不断寻找一致，就是快乐的来源。而被分析者那种将儿时经历不断重复的强迫行为，显然超越了唯乐原则。患者婴儿般的表现，说明他那被压抑的早年记忆痕迹并没有受到应有的约束，并不适用于“次级过程”。而且，正是因为这些记忆痕迹未受束缚，它才有能力与日间残念结合在一起，构成梦中出现的愿望幻想。在疗程结束后，我们想让患者彻底脱离医生，这一强迫性重复也会对治疗造成阻碍。我们有理由相信，那些对精神分析不熟悉的人之所以隐约感到恐惧，宁愿让记忆沉睡也不愿将它唤醒，其实也是因为害怕这种恶魔般的强迫行为出现。

但欲望又与强迫性重复存在什么关系呢？我们不由联想到，欲望——甚至所有的机体生活——可能具有某种我们尚未认清的特征，至少这一特征还没有引起我们的重视。欲望可能是存在于有机生命体中的恢复事物早期状态的需求。此前，生命体在外部干扰因素的影响下，被迫放弃了这种状态。所以，欲望是机体弹性的表现，或者也可以被说成是机体生活具有惰性的表现。[1]

对欲望的这一观点，听起来有些陌生，因为我们习惯了欲望中追求改变和发展的一面，而现在我们却要认识它表现生命体保守本质的另一面。但另一方面，我们很快就能从动物世界中找出例子，证明欲望的这一历史局限性。一些鱼类在产卵期不辞辛劳，去往远离其居住地的水域产卵。按照许多生物学家的解释，它们这么做是为了寻找自己从前的居所。候鸟长途迁徙，也是因为相同的原因。很快我们就会发现，其实根本没有

1　我相信，对于欲望本质，类似的猜测早已屡见不鲜。

继续寻找案例的必要，因为在遗传现象和胚胎学事实中，就能找到有机体强迫性重复的最佳证据。我们发现，动物胚胎在其生长发育过程中，需要重复该动物种类进化过程中的所有结构形式——虽然这个过程十分匆忙——而不是以最快的方式展现它的最终形态。这一行为，只有很小一部分能用机械性原因来解释，所以我们不能把历史性解释抛在一边。此外，一些动物种类还具有再生能力，可以长出一个一模一样的新器官，取代缺失的旧器官。

有人可能会说，除了那些追求重复的保守欲望之外，还存在着追求创新和进步的欲望。这种观点，我们稍后再谈，现在暂不作考虑。我们眼前的任务，是把“一切欲望具有恢复早期状态倾向”的假设论述完整。尽管有人可能会批判这是在“故弄玄虚”，但我们清楚这绝非本意。我们追求的是清醒的研究结论及基于此的思考，言之有理、证据确凿，才是我们的本意。[1]

假如所有机体欲望都是保守的、历史性的，都追求退化到从前的状态，那机体进化必然是外部干扰和诱导因素影响下的结果。原始的生命体从一开始就不想改变，它们恨不得在一成不变的条件下不断重复同一个生命过程。那么归根结底，只有

1　我们不应忽视一点：以下论述都是把思考发挥到极致的结果。随后研究性欲望时，我们也会对这番思考加以限制和修正。

地球的发展史及其与太阳的关系，才会在人类机体的发展中留下痕迹。所以，保守的机体欲望接受了每一个强加给它的生命过程变化，把它收藏起来重复使用。但这却给人留下了一种不断追求改变和进步的错误印象，而实际上它们只是通过新旧两种途径实现了一个古老的目标。而且，这一所有机体追求的最终目标也不难确定。假如生命的目的地是从未到达过的状态，那这显然又与欲望的保守本性不符。所以，最终目标必须是古老的原始状态，生命体一度离开此地，但又借道成长过程，千方百计地想要回到那儿。我们注意到，所有生命体由于内在原因，都无一例外地要走向死亡，回归无机状态。这时，一个结论呼之欲出：一切生命的终极目标是死亡。反过来说：无生命的事物先于有生命的事物存在。

不知何时，在一种无法想象的力量的作用下，无生命的物质产生了生命的属性。这个过程，或许正与生命体在某个特定阶段产生意识的过程十分相似。从前没有生命的物质在具有了生命之后，产生了一种回归原始状态的紧张情绪，于是就有了最初的、回归无生命状态的欲望。对于最初的生命体来说，死亡相对容易，它们的生命可能相当短暂，这是早期生命的化学结构所决定的。在很长一段时间里，新的生物不断诞生，又轻易死去，直到外部影响发生了重大改变，使得存活下来的生命体越来越偏离既定的生活轨迹，需要走过越来越崎岖复杂的道路，才能实现死亡的目标。这些绕道过程被保守的欲望忠实地保留了下来，成了今天呈现在我们面前的生命现象。如果我们坚持认为欲望只有保守的属性，那么对于生命的起源和目标，就不能产生别的猜想。

与这些结论一样听来陌生的，还有我们赋予有机体生命现象的一大堆欲望。我们认为所有生命体都具有自我保存的欲望，这跟一切欲望都以追求死亡为目标的前提不太相称。从这个角度看，自我保存欲望、权力欲望和出名欲望的理论意义大幅缩水。它们只是一些部分欲望，其作用是确保有机体能够按照自己的方式走向死亡，而将其他回归无机状态的非既定可能性排除在外。有机体不顾一切维持生命的神秘追求，与这一切都无法产生关联，此处只能忽略不计。最后只剩下一点：有机体只希望以自己的方式死亡，生命的守卫者最初也是死亡的追随者。于是矛盾就出现了：生命体在某些影响（危险）面前百般挣扎，而实际上这些事情反倒能帮它们抄近道，也即尽快实现终极目标。这一行为恰恰说明，死亡是欲望的追求，而非理性的追求。

但仔细想来，情况不可能如此！在神经症学中占据特殊地位的性欲望，就表现出完全不同的特征。并非全部有机体都屈从外界的强迫，在它的影响下不断发展。直到现在，许多有机体依然成功停留在较低的发展层次上。许多生命体——虽然不是全部——的状态，其实与高等动物和植物的原始状态类似。同样，并不是所有构成高等生物复杂躯体的基本有机体，都随其踏上了通向自然死亡的道路。有些有机体，如胚胎细胞，就可能保留了生物体的原始结构，并在一段时间后带着所有遗传和新获得的欲望因素，从整个有机体中分离。或许正是这两个特质，使得它能够独立存在。假如条件合适，它们就开始发育，也即重复诞生的过程。最后，一部分物质一直把成长过程延续到终点，另一部分则成了新的胚胎细胞，重新回到发育的起点。就这样，这些胚胎细胞与生命体的死亡追求产生了对抗，甚至一度战胜了对手，从而造成了长生不死的假象，虽然这可能只是延长了通往死亡的道路。对我们而言极为重要的是，胚胎细胞只有在跟另一个与它类似或不同的细胞结合之后，才具备上述能力。

这些关注比个体活得更久的基本有机体命运，当后者无力抵抗外来刺激时照顾其安危，促进它们与其他胚胎细胞结合的欲望，就是性欲望。它们与其他欲望一样，都是保守的，都想要回归生命体较早的状态。但它们更为保守，对外部影响的抵触尤为强烈，而且它们还具备另一层意义上的保守性，因为它们把生命保持了较长一段时间。[1]它们才是真正的生的欲望。其他欲望都把一个人引向死亡，而性欲望的目标则与之相反。神

1　我们追求进步和更高层次的发展，也只能仰仗这类欲望！（参见下文）

经症学在很早之前就认识到了这层对立关系的重要意义。有机体的生命，像是在来回摆动：一组欲望一心向前，力求尽快实现生命的终极目标；另一组欲望前进到某处就匆匆返回，以便从某个特定的位置开始把整条路重走一遍，达到拖延行程的目的。然而，即便在生命初期不存在性欲一说，也不存在两性的差别，那些后来被归为性欲望的欲望，却可能从生命诞生的那一刻起就开始履行职责。它们与自我欲望[1]的对抗，并不是后来才出现的。

现在，我们第一次回过头来，思考所有这些猜测是否无凭无据。除了性欲望之外，其他欲望果真都要求回归较早的状态吗？真的没有欲望追求从未到达过的状态吗？在有机世界中，我的确找不出反例。在动物和植物世界中，虽然存在向较高层次发展的现象，但也找不到支撑这一发展的普遍欲望。一方面，一个发展究竟是否属于更高层次，本身就是我们的主观判断；另一方面，生命科学告诉我们，较高层次的发展在达到某个阶段之后，往往会发生倒退和退化。何况我们不难看出，不少生物青壮年时期的发展就具有退化特征。较高层次的发展和退化一样，都是适应外界压力的结果。在这两种情况下，欲望

1　从上下文中，我们不难理解，这里所说的“自我欲望”只是一个暂时的称谓，因为精神分析最早是这样将它命名的。

的作用可能仅限于把这种被迫的变化变成内部的快乐源泉。[1]

许多人宁愿相信，在人的身上存在着一种追求完美的欲望，它使得人类实现了现在的思想成就和道德升华，甚至还会把人推向“超人”阶段。要让他们放弃这种观念，是一件十分困难的事情。但我实在无法相信这种内在欲望的存在，也无法迁就这一善意的幻想。对动物发展过程的解释，似乎也完全适用于人类目前的发展情况。的确有那么一小部分人孜孜不倦地追求完美，但这完全可以被解释成是欲望受到压抑的结果。人类文明的核心价值，正是建立在这一基础之上。被压抑的欲望，始终没有放弃对完整满足的追求；而只有重复原始的满足经历，才能实现彻底的满足。所有替代机制、反向作用和升华作用，都不足以消除它持续的紧张感。实际获得的满足快感和所要求的满足快感之间的差值，成了不容许愿望停滞不前的驱动力，或者用诗人的话来说就是“不受牵绊，一路向前”（这句话出自《浮士德》第一部“书斋”一章中魔鬼梅菲斯托之口）。以后退的方式实现彻底满足的道路，已经被来自压抑作用的反抗给封死了。所以唯一的出路，就是朝着另一个开放的发展方向前进，即便根本看不到完成整个过程和实现目标的希望。神经

1　费伦齐从不同的途径，得出了相同的结论（《现实感的发展阶段》）：“沿着这一思路继续思考，我们必须承认有机生命中停滞乃至退化倾向的存在。而继续发展和适应的倾向，只在受到外部刺激后才会变得活跃。”

性恐惧症的形成过程，其实就是回避欲望满足的尝试。它为我们展示了一个“完美化欲望”出现的范例，但我们显然不能认为所有人都有这一欲望。虽然实现这一目标的动态条件普遍存在，但经济状况却只在极少数情况下容许这一现象的出现。

在这里，我想提醒大家注意一种可能性：性爱（Eros）[1] 力求把有机体结合成更大的单位，这种努力或许可替代不被承认的“完美化欲望”。它或许可以与压抑作用的效果一起，解释被归因于“完美化欲望”的现象。

6

我们目前的研究结果，把“自我欲望”和“性欲望”放在了对立的位置，同时认为前者倾向于死亡，后者倾向于生命的延续。但从许多方面看，我们对此并不满意。何况，其实只有前者才可被视作保守的（或者更准确地说是退化的）、与强迫性重复相对应的欲望。因为根据我们的猜想，自我欲望源自无生命物质的生命化，它的目标是回归无生命状态。性欲望虽然

1　译者注：这里的“性爱”并非指性行为本身，而是被当作“性欲望”和“生的欲望”的同义词使用。

也在还原生命体的原始状态，但它孜孜以求的目标，是让两个具有特定差异的胚胎细胞相互结合。如果这一目标无法达成，那么胚胎细胞也会像多细胞生物的其他元素一样死亡。只有在这一前提下，性功能才能使生命延续，给人一种生命绵延不息的印象。性繁殖及其前身——两个单细胞生物的性交配，究竟会对生命体的发展过程产生哪些重要影响呢？这个问题我们回答不上来。所以，如果这一整套思想体系被证明是错误的，或许反倒会让我们松一口气。那样一来，自我欲望（死的欲望）和性欲望（生的欲望）之间的对立就不存在了，继而，强迫性重复也失去了意义。

就让我们回顾一下所提出的假设，看看能不能明确否定它。我们所有推论，都以“一切生物都有死亡的内在动力”为前提。我们之所以轻易相信这一假设，是因为它看上去根本不像假设。我们已经习惯了这样的想法，历代作家也都附和这一点。我们这么做，或许是因为这一认识能给人带来慰藉。假如人终有一死，还注定要在死前送走挚爱的人，那人们宁愿相信这一切都是残酷的自然法则，而不是某种尚可避免的偶然事件。但是，这种对死亡内在规律性的信仰，或许本身就是一种幻想；我们创造这些幻想，只是为了“承受生存的重负”。早先的情况肯定不是这样的。“自然死亡”这一概念，对原始民众而言是陌生的。他们把身边的每一例死亡，都归因于仇敌或恶魔的影响。为了验证这一信仰，我们不能放过向生物学求证的机会。

一旦这样做，我们就会惊讶地发现，生物学家对于自然死亡问题也是众说纷纭、莫衷一是，甚至死亡这个概念对他们来说根本就不存在。至少高等生物具有特定平均寿命期限这一事实，似乎说明死亡具有内在原因；但有一些大型动物和参天大树却达到了我们目前甚至不敢估测的高龄，也令我们刚刚获得的印象旋即消失。按照威廉·弗里斯（Wilhelm Fließ）的宏伟构想，包括死亡在内的一切生命现象，都可被与某个特定的时间节点联系在一起。这些时间节点的存在，体现了雄性和雌性两类生物对太阳年的依赖。但我们注意到，外部力量很容易产生并形成规模，从而影响生命现象（尤其是植物生命现象）的出现时间，让它提前或延后。这说明弗里斯的公式过于僵化，至少他提出的法则不是唯一的因素。

奥古斯特·威斯曼（August Weismann）对生命周期及生物体死亡的论述，或许可以为我们所用。这位研究者把生命物质分为死亡和非死亡两部分。死亡的部分是狭义上的身体，也即躯体，唯有它才会自然死亡。而胚胎细胞则可能不死，前提是它们能在某些有利条件下发展成新的个体，或者说是能置身于一个新的躯体之中。

吸引我们注意的，是威斯曼观点与我们观点的相似性，尽管我们得出结论的方法其实大相径庭。威斯曼从形态学的角度考察生命物质，他发现其中有一部分受制于死亡，这就是除开性和遗传元素之外的躯体。另一个不死的组成部分就是胚胎原生质，它为繁衍生息和种族延续服务。我们研究的不是生命物质，而是在其中起作用的力量。它指引我们区分两种欲望，一种是把生命引向死亡的欲望，另一种则是不断向往和追求新生的性欲望。这一切听上去，就像是威斯曼形态学理论的动态补充。

但当我们了解到威斯曼对死亡问题的看法后，这种表面上意义非凡的一致性也就不复存在了。威斯曼认为，只有在多细胞生物身上，才能区别会死亡的躯体和不死的原生质。在单细胞生物中，个体和繁殖细胞是同一者。所以，他认为单细胞生物可能是不会死亡的，死亡是在多细胞生物身上才有的概念。这种高等生物的死亡是自然的，它出于内在原因，但并不基于生命物质的原始本性，不能被视作绝对的、在生命本质中存在依据的必然行为。死亡更多的是一种权宜之计，是适应外部条件的表现，因为当身体细胞分为躯体和原生质后，个体无限永生就成了一种不合时宜的奢侈行为。当多细胞生物出现这种分化后，死亡就变得可能而合理。从此，高等生物的躯体就由于内在原因，在某些时间节点死亡，而单细胞生物则保持永生。然而，生殖并非伴随死亡才出现的现象，它更应该是生命物质的原始特征，生命自从出现在地球上的那一刻起，就得以绵延至今。

不难发现，承认高等生物的自然死亡，对于我们的研究并无帮助。如果死亡是生物体后天获得的特征，那从生命诞生就存在"死的欲望"，也就无从谈起了。多细胞生物当然可能由于分化不健全、物质交换不完整等内在原因死亡，但这对我们的问题并无帮助。常人的思维更易接受这种死亡观点及其推导方式，而不是听上去有些陌生的"死的欲望"。

在我看来，由威斯曼体系引发的讨论在各个方面都没有取得决定性的成果。有些学者回归到了哥特（Goette）1883 年的观点，他把死亡视作生殖的直接后果。哈特曼认为死亡的标志不是"尸体"的出现，也即生命物质的部分死亡，而是"个体发展的终结"。从这层意义上看，单细胞生物也会死亡。在它们身上，死亡伴随着生殖出现，却往往被生殖现象所掩盖，因为母体的物质被直接传递给了幼体。

后来，学界的兴趣转到了通过实验研究单细胞生物生命物质的不死性上。美国人伍德鲁夫（Woodruff）用属于纤毛虫纲的草履虫做了一个实验。草履虫靠分裂繁衍，伍德鲁夫饲养草履虫，每次都把其中一部分取出放到清水中。到实验停止时，草履虫共繁衍了 3029 代。第一代草履虫的后裔，和它的祖先一样充满活力，毫无衰老和退化的迹象。如果这些数据具有说服力，那么单细胞的不死性似乎已经得到了实验的证实。

其他研究者却得出了不同的结论。与伍德鲁夫不同，毛帕斯（Maupas）、卡尔金斯（Calkins）等人发现草履虫在经过多次分化后，体质变弱，个头减小，部分器官丧失，假如不及时弥补这种情况，它们最终将死亡。按照这种说法，单细胞生物在经过衰老阶段后，也会像高等生物那样死亡。这就与威斯曼的观点产生了矛盾，因为后者坚称死亡是生物后天获得的现象。

从这些研究中，我们可以提炼出两点为我们提供可靠依据的事实。首先，如果草履虫在还没表现出衰老时，能够两两交合——当然一段时间后还得分开——那么它们就避免衰老，重返年轻了。这种低等动物的交合，正是高等动物性生殖行为的前身，它仅限于两个个体交换物质（威斯曼所说的“两性融合”），与繁衍生息无关。交合所带来的补救效果，也可以用其他的特定刺激替代，如营养液成分的改变、温度的上升或晃动。我们不妨回忆一下雅格·罗布（Jacques Loeb）的著名实验：他通过化学刺激，促使海胆卵开始分裂，而这原本是受精后才会出现的现象。

其次，单细胞生物的生命过程完全可能以自然死亡告终。造成伍德鲁夫和其他人实验结果不同的原因，是伍德鲁夫把每一代草履虫都放进了新的营养液里。如果他不这么做，就能跟其他研究者一样，观察到草履虫繁殖若干代后的衰老现象。他的结论是，草履虫排放在周围营养液中的代谢废物，也对它造成了损害。他甚至还以令人信服的方式，证明了唯有其自身的代谢废物才能造成它的死亡。因为草履虫如果生活在满是外族生物排泄物的溶液中，它能顺利繁衍。而如果在同一营养液中不断集聚，最后必将走向死亡。所以，草履虫如果独处，就会因为不能彻底清除自身代谢废物而死亡。高等生物如果面临同样的情况，可能也会死亡。

我们不禁要问，通过研究单细胞生物来判断自然死亡问题的做法，究竟是否合理。单细胞生物的原始结构，当然可能为我们揭示重要的关系：这些关系虽然存在于它们身上，却在高等生物身上才以形态学的方式表现出来。但假如我们放弃了形态学视角，转而采用动态视角，那么单细胞生物究竟是否会自然死亡，其实没有那么重要。在它们身上，不死的物质和会死的物质还没有被明确区分。那些把生命引向死亡的欲望力量，可能从一开始就在其中起着作用，只不过它的作用效果被维系生命的力量所掩盖，所以我们很难找到它存在的直接证据。而且我们也注意到，生物学家的观察结果表明，导致死亡的内在过程的确有可能在单细胞生物中存在。即便单细胞生物真的像威斯曼所说的那样不死，那“死亡是生物后天获得的现象”这一判断，也仅适用于死亡的显性表现，不能否定死亡倾向的存在。我们原本指望生物学彻底否定死的欲望，现在看来这一目标无法实现。只要有足够的理由，我们完全可以认为死的欲望可能存在。尽管如此，威斯曼对“躯体”和“原生质”的区分与我们对“死的欲望”和“生的欲望”的区分依然具有明显的相似性，而且其价值保持不变。

我们不妨再花一些时间讨论欲望二元论。按照爱华德·赫林（Ewald Hering）对生命物质过程的研究，生物体中有两种对立的过程持续起作用，一种是建设性（同化）过程，另一种是破坏性（异化）过程。我们是否可以把这两种生命过程的作用方向，视作对两种欲望（生的欲望和死的欲望）的肯定？还有一点我们不该隐瞒：不知不觉之中，我们已经进入了叔本华哲学的范畴。在他看来，死是生的目的，也是生命“最终的归宿”，而性欲望则代表了生的意志。

让我们保持头脑清醒，继续前进。按照一般的观点，多个细胞组成生命共同体，也即多细胞生物，是延长生命周期的手段。每一个细胞都帮助维系其他细胞的生命，即便一些细胞不得不死亡，整个细胞王国依然可以继续存在。我们说过，两个单细胞生物的暂时交合可以帮助两者变得年轻，从而维系其生命。我们不妨尝试把精神分析的力比多理论和细胞间的关系联系起来，设想每个细胞中“生的欲望（性欲望）”，都会把其他细胞作为对象，中和对方“死的欲望（所引发的过程）”，从而维系它的生命。其他细胞也以同样的方式为它服务。另外还有一些细胞，则在执行力比多任务的过程中，牺牲了自我。

在神经症学中，我们把个体将力比多全部留在自我之中，不把它用于占有对象的行为称作“自恋”。胚胎细胞就是绝对自恋的。胚胎细胞需要把力比多——“生的欲望”的表现——保存起来，用于之后伟大的建设活动。从这个意义上看，我们或许可以把毁灭生命体的癌细胞也看作是自恋的。病理学认为，癌细胞的萌芽与生俱来，而且具有胚胎特征。所以，我们所说的性欲望的力比多，其实与作家和哲学家口中把一切生命凝聚在一起的“性爱”是一回事。

借此机会，我们不妨回顾一下我们力比多理论漫长的发展轨迹。对转移性神经症的分析，使我们发现了作用于对象的“性欲望”和其他欲望的对立。我们对后者知之甚少，所以暂时把它称作“自我欲望”。在这些欲望中，最重要的是为个体自我保全服务的欲望。除此之外，我们不知道还能做何区分。对于构建真正的心理学来说，没有什么比大致了解欲望的共性和可能特征更为重要。但恰恰就是在这个心理学领域中，我们不得不摸着石头过河。每个人都可以随心所欲地列举出多种欲望或“基本欲望”，并带着它们招摇过市，就像古希腊哲学家把一切归为“水、土、火、空气”四大元素一样。既然难免要对欲望进行猜测，精神分析首先采信的是流行的、以“饥饿和爱”为关键词的欲望区分方法。这至少不是妄加猜测，也为心理性神经症的分析做出了不小的贡献。“性”这一概念及由此衍生出的“性欲”，必须得到扩展，直到它包括许多不属于生殖功能的现象。但在这个严苛、高傲乃至虚伪的世界中，这一做法为我们招致了足够多的非议。

随着精神分析对心理学意义上的自我有了进一步了解，我们的研究也有了进一步的发展。最初，自我只是被当作压抑作用、审查作用和反向作用的实施主体，以及保护性结构的建设者。批评者和一些有远见的人，虽然早就反对仅把力比多视作作用于对象的性欲望的能量，但他们却没有说明如何得出这一观点，也没有从中推导出任何对分析问题有用的东西。在谨慎前行的过程中，精神分析发现力比多会定期被从对象身上撤回，重新聚集在自我之中，也即它具有“内倾性”。通过研究婴幼儿时期的力比多发展，我们发现自我是力比多最根本、最原始的储存容器，力比多正是从那儿出发，扩展到了对象身上。自我也可以成为性对象，而且还是其中最重要的一员。当力比多停留在自我之中，我们就称它们是“自恋”的。从精神分析意义上看，这些自恋的力比多当然也是性欲望力量的体现，它其实就是我们从一开始就承认的“自我保存欲望”。这样一来，我们最初认为的“自我欲望”和“性欲望”的对立，就不足以解释一切问题了。一部分自我欲望具有力比多的属性，性欲望也在自我之中起着作用。这个过程中，可能还有其他欲望的参与。但是，我们完全可以认为，“心理性神经症源于自我欲望和性欲望的冲突”这一旧公式，不包含任何今天被我们摒弃的内容。我们之前从质量的角度区分这两种欲望，现在只不过是换了一种类型学的视角。尤其是作为精神分析主要研究对象的转移性神经症，更是自我和力比多作用对象产生冲突的结果。

现在，我们必须更强调自我保存欲望的力比多特征，因为我们大胆地再进一步，把主导一切的性爱视作性欲望的内容，并从使躯体细胞相互结合的力比多来源中单独分离出作用于自我的自恋型力比多。这样一来，我们又面临以上难题：如果自我保存欲望也具有力比多属性，那恐怕没有什么欲望不具备力比多属性了。至少我找不出例外情况。但这样一来，我们不得不认同一些批评者的意见。他们从一开始就指出，精神分析用性去解释一切。或者，我们不得不认同荣格这类革新者用“力比多”这个词代替“欲望力量”的仓促行为。事实真的如此吗？

至少，这不是我们想要的结论。我们的观点，基于对“自我欲望—性欲望”和“死的欲望—生的欲望”的明确区分。我们甚至一度愿意把所谓的“自我保存欲望”归为“死的欲望”的一种，但后来我们又纠正了这一错误。我们的观点，从一开始起就是二元的。自从我们用“生的欲望”和“死的欲望”之间的对立取代了“自我欲望”和“性欲望”之间的对立，这种二元对立也就变得更为明显。荣格的力比多理论则是一元的，他把所有性力量称作力比多的做法，一定会造成困扰，但这对我们并无太多影响。我们猜测，在自我中除了力比多性质的自我保存欲望之外，还有别的欲望存在；我们原本应该有能力发现它。但实际上，对自我的分析进展缓慢，目前我们还拿不出欲望存在的证据，这不得不说是一件憾事。但自我中的力比多欲望，肯定跟其他我们所不了解的自我欲望存在某种特殊联系。在我们对自恋形成清晰的认识之前，精神分析就猜测自我欲望吸引了力比多元素。但这些都是不确定的可能性，就连我们的反对者也不会考虑这些。更棘手的是，我们的分析迄今为止只能证明力比多欲望的存在。但我们不愿就此断定其他欲望不存在。

鉴于欲望理论依然处于模糊不清的状态，排斥任何可能给我们带来启示的想法，都是不明智的行为。我们的出发点，是“生的欲望”和“死的欲望”之间鲜明的对立。而对象之爱，又向我们展现了第二种对立，即爱（柔情）与恨（攻击性）的对立。要是能把这两种对立结合起来，由一种推导出另一种那该多好！我们早就知道性欲望中存在施虐成分。据我们了解，它可以独立开来，以一种变态的方式控制一个人所有的性追求。它也作为占据支配地位的部分冲动，出现在被我称为“性器官前期”的发展阶段。但怎样才能从维系生命的性爱中，推导出旨在给对象造成损害的施虐欲望呢？施虐行为是死亡欲望的一种，它被自恋的力比多从自我中排挤开来，所以才在对象身上出现——这难道不才是更合理的猜测吗？这时，施虐行为开始为性功能服务。在力比多的口腔性欲时期，它以毁灭对象的方式，实现爱的掌控。后来，施虐欲望脱离开来，终于在性器官主导的阶段接过了制服性对象、实施性行为的重任，从而实现了生殖的目的。我们甚至可以说，被从自我中排挤开来的施虐行为，为性欲望中的力比多成分指明了道路；接着，后者也相继来到了对象身上。原始施虐行为中没有遭到削减或合并的地方，正是爱情生活中爱恨矛盾产生的场所。

如果我们能被允许做这样的假设，那就满足了举出一个死的欲望例子的要求——虽然这时死的欲望已经发生了改变。遗憾的是，这种观点十分模糊，甚至有些神秘的味道。肯定有人会怀疑我们是在不惜任何代价，只求尽快脱离窘境。但我们可以解释说，这并不是新的假设，当窘境还无从谈起时，我们就已经做过这样的假设。临床观察向我们表明，与施虐行为互补的部分欲望——受虐欲望，正是施虐行为反作用于自我的结果。欲望从对象到自我的转换，实际上与此处新出现的欲望从自我到对象的转换并无差别。把欲望作用于自我的受虐行为，其实就是一种回归早期阶段的退化过程。我们从前对受虐行为的论述过于绝对，需要一些修正：受虐行为也可以是原始的，这正是我此前所要争辩的内容。[1]

现在，我们再回过头来看维系生命的性欲望。在研究单细胞生物时，我们注意到：两个个体在融为一体时即便未能实现交合，也即没有引发细胞分裂的后果并很快重新分开，依然可以产生让细胞变得强大而年轻的效果（参见上文利普舒茨的论述）。在接下来的几代繁衍中，这些生物毫无退化的迹象，似乎对于自身新陈代谢所造成的损害有了更好的抵抗力。我认为，从这一观察结果推断，性交应当也有类似的效果。但两个略有差别的细胞之间的融合，为何能产生这种焕发生机的效果呢？上文所提到的那个用化学乃至机械刺激代替交合的单细胞生物实验，或许给了我们一个确定的答案：它的作用原理是引入新的刺激。这也符合一种假设：个体的生命过程出于内在原因，向着消除化学紧张感，也即死亡的方向前进；而与另一不同生命体的结合，则能扩大这种紧张感，从而形成了延缓死亡的“活力差异”。这种差异存在一种或多种理想状况。我们既然认为，唯乐原则所体现的这种减弱、保持、消除内部刺激感的追求［芭芭拉·勒夫 (Barbara Low) 所说的“涅槃原

1　在她内容和思想都极为丰富，但在我看来却语焉不详的文章中，萨宾娜·斯皮尔莱恩率先提出以上猜想，称性欲望的施虐成分是“破坏性的”。斯泰克（A. Stärcke），则用另一种方式，把力比多概念和还是理论假设的“死亡推动力”这一生物学概念联系在了一起。包括本文在内的这一切努力表明，我们亟须明晰尚处于混沌状态的欲望理论。

则”]，是精神生活乃至神经体系中占支配地位的倾向，那么我们就有足够的动机，相信“死的欲望”的存在。

但对我们的思考过程造成最大困扰的是：最初吸引我们注意“死的欲望”的强迫性重复，却无法在性欲望中被证实。胚胎的发展过程倒是充斥着这类强迫性重复现象。有性繁殖中两个胚胎细胞及其生命过程，本身就是有机生命诞生过程的重演；但性欲望想要实现的过程，其本质是两个细胞的融合。唯有如此，才能确保高等生物生命物质的不死性。

换言之，我们的使命是了解有性繁殖的诞生和性欲望的起源，这个任务可能会让外人望而却步，也是专家们尚未解决的难题。所以，我们将从各种相互矛盾的表述和意见中，提取能与我们的思考过程产生联系的内容，做一个精练的概述。

一种观点认为，生殖只是生长发育的一部分，也即分裂、抽枝和发芽这一繁殖过程中的一个环节，所以其中不存在神秘的刺激。按照达尔文学派的理性思维模式，两个异性生殖细胞的结合是这样出现的：在两个单细胞生物偶然交合的过程中，两性融合的优势得到了显现；在接下来的发展中，这一点被保留了下来，并被反复利用。[1] 所以，“性”并不是历史十分悠久

1 虽然威斯曼在《胚胎原生质》（1892 年）一书中也曾否认了这种优势的存在：“受精绝不意味着生命变得年轻或重新焕发生机，它不是生命延续中不可或缺的现象。它无法是使两种不同的遗传倾向得以结合的一种安排。”但他也注意到，这种结合的结果，是生命体变异性的增强。

的现象，促成性交的异常强烈欲望，只不过是在重复某种从前偶尔发生，从此被当成优势保留至今的东西。

在此，我们又面临与探讨死亡问题时一样的难题：我们所认可的，是否只是单细胞生物呈现给我们的现象？还是说，我们可以假定在高等生物中才能够观察到的力量和过程，其根源其实在单细胞生物？我们此前提到的对性欲的看法，对我们的研究几乎没有帮助。人们会反驳说：它的前提是最简单的生命体中也存在生的欲望，否则违背生命轨迹、对死亡造成阻碍的交合，就不会被保留下来并得到进一步发展，而应该被抛弃。所以，假如我们不愿意抛弃“死的欲望”，那从一开始就必须让它与“生的欲望”结伴出现。我们必须承认，这样一来，我们将要做一个有两个未知数的方程。除此之外，科学对性别的诞生几乎没有任何说法，甚至都没有提出任何假说。我们可以把这个问题比作一片没有透进一丝亮光的黑暗。但在另一个地方，我们却发现了一个极具想象力的假说。它更像是一个神话，而不是科学解释。假如它不是正好满足我们所追求的一个条件，我肯定不敢在这里提起它。这个假说，从恢复早期状态的需求中，推导出了一种欲望。

我指的自然是柏拉图（Plato）在《会饮篇》中借阿里斯托芬之口说出的那番理论。它不但论述了性欲的来源，更是提及了它转向对象的重要转变。

“从前，我们的身体与现在不一样：首先，人的性别有三种，而不像现在只分男女。还有第三种性别，是这两者的结合……也就是亦男亦女……”这些人所有的身体部位都翻倍存在。他们有四只手、四只脚、两张脸、两个阴部等。后来，宙斯下令把这些人一分为二，“就像封装水果罐头而把榅桲果对半切开一样……在整个人被劈成了两半后，对彼此的渴望又把这两个部分结合在了一起：他们伸出手相互拥抱，纠缠在一起，只为重新合为一体……”[1]

我们是否应该追随这位诗人哲学家的脚步，大胆做出如下假设：生命物质在获得生命时被分割成了小块，从此在性欲望

1　以下对柏拉图这一神话起源的讨论，要感谢维也纳的海因里希·贡佩兹（Heinrich Gomperz）教授，其中也部分引用了他的原话：我想提醒大家注意，同样的理论其实已经出现在《奥义书》中。在《大森林奥义书》第一章第4.3小节［《吠陀六十奥义书》，保尔·德森（Paul Deussen）译，第393页］中，描述了世界从真我（Atman，即自己或自我）中诞生的过程，其中提道：“……可他（真我）也并不感到快乐；一个人不快乐，是因为他感到孤独。所以真我渴望第二个人出现。他的个头，就像男人和女人缠绕在一起那样庞大。所以他把自己劈成两半，于是就有了丈夫和妻子。所以耶若婆佉才说，男人的身体其实只有半边。空阔的另一半，需要由女人来填补。”

《大森林奥义书》是所有《奥义书》中最古老的一部。所有具备判断能力的研究者，都不会认为它的出现时间晚于公元前800年。在柏拉图理论是否来源于印度思想这一问题上——哪怕只是间接来源于此——我与主流观点态度不同，不想轻易否定这一可能性。因为即便仅从“转世理论”的角度看，我们也不能轻易否定这一可能性。这一最先由毕达哥拉斯学派提出的理论，也丝毫不会损害思想一致性的重要意义。因为要不是柏拉图认为这一从东方传到他耳朵里的故事不无道理，他也不会采信它，并赋予它如此重要的地位。

在康拉特·齐格勒（Konrat Ziegler）的《人与世界的诞生》（载《新编经典古代史年鉴》第三十一卷，第529页，1913年）一文中，作者系统地研究了柏拉图这一极具争议性的思想，并认为它起源于巴比伦。

的驱动下寻求团聚？无机物的化学亲和性，发展成了有机物的欲望。在单细胞生物时期，这种欲望逐渐克服了充满危险刺激的周围环境所造成的困难。在周围环境的作用下，单细胞生物逐渐形成了保护皮层。后来，这些分散的小块终于构成了多细胞生物，并把重新团聚的愿望以高度集中的方式，转移到了胚胎细胞身上？我觉得，现在应该适可而止了。

但我还要说几句批判性的思考。也许有人会问，你是否或是在多大程度上相信这些假设。我的回答是，我没法用这些假设说服自己，也不会强求别人相信它。更准确地说：我也不知道自己在多大程度上相信它们。在我看来，情感意义上的“信服”，在此根本不起作用。只要一个人愿意，就可以追随着一种思想过程的脚步前进。他这么做，可能纯粹是出于对科学的好奇；或者只要他愿意，甚至可以做“魔鬼的辩护人”，却不必完全为魔鬼献身。我当然清楚，我推导欲望理论的第三个步骤，与前两个步骤（性概念的扩展和自恋概念的提出）相比，可能具有较大的不确定性。前两点创新，都是直接把观察的结果转化为理论的，所以犯错的可能并不比正常情况下的理论转化更大。当然，我们声称欲望具有退化特征，本身也是基于我们所观察到的素材，也即强迫性重复这一事实。只不过我可能高估了它的意义。但要想把这一思想贯彻到底，就必须三番五次地脱离观察结果，将事实和猜测结合在一起。众所周知，在构建一个理论的过程中，越是频繁重复上述行为，最终的结果就越是不可靠。但这种不确定的程度是无法预计的。人们既可能幸运地猜对，也可能因误入歧途而蒙羞。在这类工作中，我不大相信所谓的“直觉”。在我看来，直觉更多的是理智保持中立的结果。只不过，在涉及科学和生活的重大问题时，人们很难保持中立。我相信，在这类问题上，每个人都会被根植于内心的偏见所左右，在不知不觉中受到它们的影响。在这么多质疑面前，我们能做的或许只有在冷静中期待自己的思考努力能够获得好的结果。但我也要马上补充一句：这样的自我批评，并不意味着我对不同的观点有着特别的容忍度。一方面，人们可以坚决反对那些从一开始就与观察结果相矛盾的理论；另一方面，我们也应该知道自己的观点也只具有暂时的正确性。在评判我们对“生的欲望”和“死的欲望”的猜测时，出现了许多陌生和模糊的现象，如一种欲望被其他欲望排挤，或是欲望从自我转向对象。我们不必由此感到困惑，这只是因为我们必须使用专业术语，也即精神分析（更准确的说法是“深层心理学”）的图像化语言。否则，我们根本无法描述这些现象，甚至根本感知不到它们的存在。如果用生理学或化学术语去取代心理学术语，我们描述中所存在的缺陷或许会消失。虽然这两者也是图像化的语言，但他们早已为人们所熟知，而且可能也更简单一些。

我们反倒要强调一点：由于不得不借助生物学展开论述，我们猜测中不确定的成分陡然剧增。生物学是一个充满无限可能的领域，我们有望从它那儿得到令人惊奇的答案，也无法猜测几十年后，它将会如何回答我们的问题。这个答案，可能会让我们精心构建的猜想毁于一旦。假如情况真的如此，有人也许会问：那我们为什么还要做这一章节记叙的工作？为什么还要把它公之于众？但这其中的一些类比、关联和联系，的确引起了我的注意，这一点是我所无法否认的。[1]

1　接下来，我要解释一下我们所使用的术语及它们在叙述过程中的变化。“性欲望”一词，源自它与性别和生殖功能的关系。尽管我们在精神分析结论的指引下，削弱了它与生殖功能的关系，但依然保留了这一名词。通过提出“自恋力比多”这一概念，并将力比多概念扩展到单个细胞，“性欲望”变成了“性爱”，后者力求把生命物质的碎片结合并维系在一起。性爱中指向对象的部分，被我们总称为性欲望。根据我们的猜测，性爱在生命诞生之初就起着作用，并作为“生的欲望”去对抗随无机物具有生命而出现的“死的欲望”。我们假定这两种力量在混沌之初就相互角力，并希望借此揭示生命的奥秘。“自我欲望”这个概念的演化过程，可能更为模糊。最初，我们把除作用于对象的性欲望之外的所有欲望冲动，都称作“自我欲望”，尽管我们对其中一些欲望并不是很了解。这样一来，“自我欲望”与表现为力比多的“性欲望”形成了对立。后来我们发现，一部分“自我欲望”也具有力比多性质，它把自我当成了它的对象。这一部分自恋的自我保存欲望，也必须被归入力比多化的性欲望的行列。于是，“自我欲望”和“性欲望”之间的对立，就进化成了同样具有力比多性质的“自我欲望”和“对象欲望”之间的对立。取而代之的，是“力比多欲望”（包括“自我欲望”和“对象欲望”）和另一种欲望的对立。它存在于自我之中，表现为破坏欲望。于是，我们的猜测就把这一对立变成了“生的欲望（性爱）”和“死的欲望”的对立。

7

如果欲望的确有回归早期状态的普遍特征，那在精神生活中存在许多独立于唯乐原则之外的过程，也就不足为怪了。这一特征在每一部分欲望中都得到体现，其目的是回归发展道路上的某个特定阶段。但并不是每种不受唯乐原则约束的力量，都必然与之对抗。欲望的重复过程和唯乐原则统治之间关系如何，我们尚不得而知。

我们发现，心理装置最原始、最重要的功能，就是“约束”到达其中的欲望，用“次级过程”去取代在其中占据统治地位的“初级过程”，将自由流动的占有能量转变为大致稳定的静止（补充）能量。这一转变过程无暇顾及不快的诞生，但这并不意味着唯乐原则就此废止。实际上，这一转变正是为唯乐原则服务的。对欲望的约束，正是引入和确定唯乐原则地位的准备工作。

让我们在之前的基础上，更明确地区分功能和倾向。唯乐原则是一种倾向，它为一种功能服务，这种功能的任务是使心理装置中完全不存在刺激，或是把刺激保持在相对稳定乃至尽可能低的水平。在这几个版本的任务之间，我们尚不能做出选择；但在所有生物回归宁静的无机世界的追求中，我们所定义的功能显然起着作用。我们都知道，人能感觉到的最强烈的乐趣，也即性交的乐趣，与一种逐渐达到高潮的刺激突然消失有关。对欲望冲动的约束，或许正是一种预备性功能。它为刺激最终消除做准备，而人则在这一过程中感受到一阵释放的快感。

另一个相关的问题，是受约束和不受约束的欲望过程，是否以同样的方式产生快乐和不快。相比受约束的次级过程，不受约束的初级过程，显然朝两个方向生成更为强烈的感受。从时间上看，初级过程出现更早，是精神生活开始之初唯一的过程。如果唯乐原则在它身上不起作用，那就根本无法在后来的次级过程中确立地位。于是，我们得出了一个并不简单的结论：在精神生活开始之初，对快乐的追求其实比后来更为强烈，但却不像后来那样不受拘束，所以它经常产生缺口。在成熟时期，唯乐原则的统治地位得到巩固，但它也像其他欲望一样，无法逃脱被驯服的命运。但无论如何，在刺激过程中引起快乐和不快的事物，既存在于次级过程中，也存在于初级过程中。

我们或许可以从这出发，做进一步研究。我们的意识不仅从内部向我们传递快乐和不快，也给我们传递了一种特殊的、依旧可分为快乐和不快两部分的紧张感。这种不同的感受，是否就是受约束和不受约束的能量过程所分别造成的？抑或紧张感取决于占有能量的绝对大小或水平，而快乐和不快则取决于占有能量在单位时间内的大小变化？我们也注意到，“生的欲望”和我们的内在感受有着紧密联系，因为它以和平破坏者的形象出现，不停带来紧张感，直到紧张感消失后给人带来快感；而死的欲望则悄然完成自己的使命。乍一看，唯乐原则似乎是为“死的欲望”服务的，但它同时也对被两种欲望视作危险的外界刺激保持警戒状态。不过，它重点提防的还是来自内部的刺激增长，因为它会给完成生命任务造成困难。与此相关的问题还有很多，我们也无法一一给出答案，只能耐心等待新研究手段和研究机遇的到来。另外，如果一条道路无法带来好的结果，那即便我们已经在上头逗留了片刻，也要果断弃之而去。只有那些在基督教义问答手册遭到摒弃后转而迷信科学的信徒，才会责备研究者进一步发展或改变自己观点的行为。另外，一位作家（弗里德里希·吕克特）对科学进展缓慢的清醒认识，或许能给我们些许慰藉：

> 既难飞至，则必跛行。
>
> ……
>
> 圣经有言，跛行无罪。[1]

1　出自《哈里里的玛卡梅》。译者注：此处的哈里里指阿拉伯诗人巴士拉的哈里里（al-Hariri of Basra，1054—1122），这本书实际上是吕克特的译作。“玛卡梅”是一种阿拉伯文学体裁，本质上是一种即兴诗歌，其前身是落魄艺人在集会上表演的说唱故事。

群体心理与自我分析

“

群体无法明辨是非，却知晓自身强大的力量，所以它既不容异说，又迷信权威。它尊崇权力，将善意的劝告视作软弱的表现，对它置若罔闻。它眼中的英雄必须强大，甚至是残暴。

”

导论

个体心理学与社会心理学（又称“群体心理学”）的区别乍看明显，细究之下实不尽然。虽然个体心理学旨在研究单一个体满足欲望冲动的方式，但仅在极少数特定情况下，它才能对研究对象与其他个体间的关系避而不谈。在个体的精神生活中，他人时常作为榜样、对象、帮手或敌人出现。所以从广义上看，个体心理学从一开始就可被同时视作社会心理学。

个体与父母、手足、爱人、师长和医生等人之间的关系，现已成为精神分析研究的首要对象，而它们也都可被视作社会现象，并与那些被我们称作“自恋”的行为过程形成对比。后者专指那些欲望的满足未受他人影响的情况，布鲁勒（Bleuler）或许会将其称作“内向”行为。社会心理活动和自恋心理活动之间的对立，本就发生在个体心理学范畴之内，借此将个体心理学和社会（群体）心理学区分开来的做法，显然是不恰当的。

在上述个体与父母、手足、爱人、师长和医生等人的关系中，个体仅受到来自一个或少数几个人的影响，虽然其中每一层影响都对他尤为重要。而在谈论社会或群体心理时，人们习惯于把这些关系抛在一边，转而研究个体同时受一大群人影响的情况。这些人与个体存在某种联系，但从诸多其他方面看依然是陌生人。所以，群体心理学所研究的个体，或是某一部族、民族、阶层、级别和机构的成员，或是某个在特定时期因特定目的集结而成的群体的组成部分。在人为框定范围后，我们很容易就能将在这类特定条件下出现的现象，视作某种特殊的、难以进一步追溯来源的欲望的表现。而这种“社会本能”［英文又作 Herd Instinct（群体本能）或 Group Mind（群体心理）］，在其他情况下不会有所体现。但我们或许可以辩称：光凭人数之差，不足以在人类的精神生活中唤醒一种全新的、在其他情况下不起作用的欲望。于是，我们的注意力便集中在了两种可能性上：一是社会本能并非无法分解的原始欲望；二是在更小的圈子（如家庭）中可以找到它的起源。

群体心理学虽然尚在成形之初，却涵盖了众多独立的问题，也给研究者留下了无数尚未分门别类的任务。光是列举不同的群体构成形式及描述其所展现的心理现象，就要耗费许多精力进行观察和论述。目前，这方面的文献已经十分丰富。只需将本书狭窄的篇幅与群体心理学宽泛的研究内容做比较，就不难猜到书中的内容只是沧海一粟。实际上，本书也仅限于讨论几个引起精神分析特别关注和深入研究的问题。

勒庞笔下的群体心理

与其匆匆抛出一个定义，不如先从现象入手，总结出一些显而易见的特征，再由此出发将我们的研究深入下去。这两个目的，都能通过阅读勒庞（Le Bon）《乌合之众》选段实现，故而该书不愧为一代名作。

我们再回顾一下现在面临的状况：心理学既研究个人的体质、欲望冲动、动机和目的，也研究个人的行为及其与周围人群的关系。即便它此前一直圆满完成任务，把其中的因果关系考察得十分透彻，那现在也遇到了一道未解的新难题。它必须解释一个惊人的事实：原本已被研究透的个体，却在特定条件下，有了始料未及的感受、思想和行动。这里所指的特定条件，就是置身于具有某种“心理群体”特征的人群之中。什么是“群体”？它因何具有对个体精神生活产生决定性影响的能力？它将哪些心理变化强加给了个体？

回答以上三个问题，是理论群体心理学的任务。显然，从第三个问题入手更容易找到眉目。正是对个体反应变化的观察为群体心理学提供了素材；在尝试解释现象之前，我们必须先将要解释的内容描述清楚。

现在,就让我们来看看勒庞是怎么说的。他在第13页写道:“心理群体最特别的地方，在于无论组成它的个体属于哪一类别，无论他们的生活习性、职业、个性或智力水平是否存在异同，一旦他们构成一个群体，就会拥有集体心理。在它的作用下，他们将以与独处时完全不同的方式感受、思考和行动。有一些想法和感受，仅会在属于某个群体的个体身上出现或起作用。心理群体是由异质元素临时组成的暂时性产物，它就像多种细胞组成的有机体，有着与单个细胞截然不同的特征。”

我们将不时打断勒庞的叙述，并在其间插入我们的评论和注释。第一段简评如下：群体中的个体既然能够形成一个整体，那必然有什么东西将它们连接在一起。这一黏合剂或许就是群体的特性。但勒庞没有就此给出答案，他转而研究个体在群体中的变化，并用与精神分析基本理念十分相称的措辞对其加以描述。

“确定属于群体的个体与孤立的个体之间的差异大小还算一件容易的事情。相对更难的是找到造成差异的原因。为了在这方面获得一些眉目，我们必须先回顾一下现代心理学的一大重要论断，也即潜意识现象在有机生活和智性机能中均起重要作用。与潜意识的精神活动相比，有意识的精神活动只占据人类精神生活的一小部分。最细致的分析和最敏锐的观察，也都只能触及精神生活的一小部分意识[1]动机。我们的意识行动有着深受遗传因素影响的潜意识基础。它包含了无数先人留下的痕迹，也孕育了种族的精神之魂。在为我们所承认的行为动机背后，无疑还有我们不愿承认的原因，而在那背后还有更为隐秘，甚至都不为当事人知晓的原因。我们大多数日常行为都是隐蔽的、不为我们所觉察的动机所影响的结果。”

勒庞认为，群体抹去了个体后天获得的特性，继而使其丧失天性。种族潜意识地位凸显，异质元素被同质元素取代。可以说，群体拆毁了个体心理结构中因人而异的上层建筑，从而将众人共有的潜意识基础暴露在外（产生作用）。

在这种方式的作用下，群体中的个体才有了共同的特质。不过，勒庞认为这是新的、个体之前所不具备的特征，故而在三个不同的方面寻找其原因。

“第一个原因是：群体人多势众，使个体产生了一种拥有无上权力的错觉，从而纵容那些在独自一人时被约束的欲望。他甚至都不会对欲望加以限制。身处具有匿名性又缺乏责任心的群体之中，原本能对个体造成约束的责任感仿佛荡然

1　《弗洛伊德全集》德文版编者注：此处法语原文为“inconscients”（无意识）。

无存。”

从我们的视角看，其实无须重视新特征的出现，只要明白一点就足够了：个体进入群体后，其原本受压抑的潜意识欲望冲动得到了解放。那些看似新奇的特征，无非只是这一潜意识内容的表现。而人类灵魂中一切与生俱来的恶，都存在于潜意识之中。在这种情况下，良知和责任感消失也就不足为奇了。毕竟我们一直主张，良知的实质是“社群焦虑”。[1]

“第二重原因是‘传染’，它也在一定程度上促使群体具备某些特征和倾向。传染是一种容易察觉却很难解释的现象，我们必须将其归类于我们即将研究的催眠式现象。在群体中，每一种情感和行动都具有极强的传染性，使得个体很容易就会为集体利益牺牲自己的个人利益。这种完全有悖常理的能力，只有成为集体一部分的人才会具备。”

随后，我们还将在该段最后一句话的基础上，提出一项重要猜断。

“第三大原因最为重要，它使得聚合成群体的个体具备与

1　勒庞的见解与我们的看法存在一些差异，这是因为他的潜意识概念与精神分析的潜意识概念不尽相同。勒庞的潜意识主要包括种族精神最深层次的特征，这其实并不属于个体精神分析的范畴。我们虽然清晰地认识到自我（Ich）的核心［后文的“本我（Es）”］存在于潜意识中，人类精神的“远古遗产”也是它的一部分，但我们依然坚持从这部分遗产中将“在潜意识中被压抑的事物”单独分离开来。“被压抑”这个概念在勒庞的体系中并不存在。

孤立个体截然不同的特质。这就是暗示性，前文所言的‘传染’，不过只是它所造成的影响之一。

“要理解这一现象，必须先介绍一些生理学领域的新发现。我们现已知晓，在多种手段的作用下，人可被引入一种意识个性全失、彻底任人摆布的状态，并做出一些与他的性格和习惯大相径庭的行为。借助无比细致的观察，人们发现一个人在参与某个活跃群体一段时间之后，很快就会在内心冲动或某个未知因素的作用下，进入某个特殊状态，并像一个被催眠者一样，受到催眠师的吸引……他的意识个性彻底消失，本人就此失去了意志和分辨力，一切的情感和思想都听命于‘催眠师’的指引。

“隶属于某个心理群体的个体，也面临着类似的状况。他不再对自己的行为拥有清晰的认识，正如被催眠者那样，他丧失了某些能力，却具备了登峰造极的另一些能力。在暗示的影响下，他可能会产生一种难以抗拒的冲动，非要完成特定行动不可。相比被催眠者，这种狂热在群体身上更为明显，因为所有个体都受到同样的暗示，他们因相互影响而变得更为强烈。

“所以，群体中个体的主要特征有：意识个性丧失，潜意识个性占据主导地位，思想和情感受暗示和传染支配，倾向于将接收到的暗示理念立即付诸实施。个体不再是其自身，他已经成了一个没有主见的机器。”

我特地将这一段文字摘抄完整，只为强调一点：勒庞的确将群体中个体的状态视作催眠状态，而不是仅仅拿两者做类比。我们无意反驳这种观点，但必须指出的是，造成群体中个体发生变化的后两个原因，也即“传染”和“容易受暗示”，显然并不对等。传染只是易受暗示的一种表现。另外，勒庞也没有明确区别这两种因素的影响。更好的解释，或许是把“传染”视作群体中单个成员间的相互作用，而等同于催眠的暗示现象则另有来源。但那究竟是什么呢？我们不难发现，这个等式存在重大缺陷：勒庞对暗示群体的“催眠师”只字未提。尽管如此，他还是将这股未知的神秘力量与作用于个体之间、为最初的暗示推波助澜的“传染”区分了开来。

在评判群体中个体的心理状态时，还有一个角度也十分重要：“此外，一旦加入某个有组织的群体，一个人的文明程度就会大幅倒退。独处时，他或许是一个很有教养的个体；在群体中，他就成了野蛮人，也即一个受欲望驱使的暴徒。他会表现得身不由己，野蛮残暴，也兼具原始人的狂热和英雄气概。”随后，勒庞还特别提到个体在加入群体时，智力水平也会有所降低。[1]

1　参见席勒的双行诗：“单独看去，个个都算聪慧懂事；聚在一起，俨然就是一群傻瓜。”

接下来，我们将脱离个体，转而研究勒庞如何描绘群体心理。其中的推导和论述过程，精神分析学者理解起来毫无困难，因为勒庞本人也指出，群体心理与原始人和孩童的精神生活存在相似之处。

群体容易冲动，情绪多变，易受刺激。它几乎只听从潜意识的吩咐。[1]根据情况的不同，群体所遵从的冲动或高尚或残忍，或英勇或懦弱。但无论如何，它们都足够专横独断，以致个人的利益和自我保存欲望不再有用武之地。它从不慎重考虑任何事物。即便狂热地投身一件事情，这股劲头也不会持续太久，它无法做到矢志不渝。它的愿望，必须立即实现，中间不得有任何拖延。它觉得自己无所不能。对群体中的个体而言，“不可能”这个概念根本不存在。

群体极易受影响，也容易轻信。它毫无批判思维，也不知何为虚假。它的思维由一串串互为联想的画面组成，这与个体在自由想象时的状态无异。任何一个理性尚存的人，都不会以为这就是现实。但群体的情感就是这样单纯而肤浅，所以它也不懂得质疑和模棱两可。[2]

1　“潜意识”不只意味着“被压抑”。在这里，勒庞正确地从描述意义上使用了这个词。

2　梦是我们了解潜意识精神生活的最好途径。在释梦的过程中，我们遵循一条技术规则，不去理会梦中不确定或存在疑问的地方，并认为显性梦境中的每一个元素都确定无疑。我们认为审查作用是造成这些不确定和疑问的罪魁祸首，它们是批判的结果，在原始的梦意中并不存在。当然，它们可以与其他事物一样，作为诱发梦境的日间残念出现。

它行事极端，很快就把些许嫌疑当作不容辩驳的事实，把一丝反感变成疯狂的憎恶。[1]

即便群体本身具有极端化的倾向，但它也只有在受到强烈刺激的时候才会这么做。对它施加影响，无须逻辑缜密的论述，只需危言耸听，夸大其词，不停重复。

由于群体无法明辨是非，却知晓自身强大的力量，所以它既不容异说，又迷信权威。它尊崇权力，将善意的劝告视作软弱的表现，对它置若罔闻。它眼中的英雄必须强大，甚至是残暴。它需要被统治和压迫，甘愿对自己的主人心存畏惧。从本性上看，它十分保守，从心底里厌恶一切革新和进步，也对传统无比敬畏。

为了正确评价群体的道德品性，我们还必须认识到，当个体在群体中共处时，所有的个体障碍都会消失。作为原始年代的遗迹，人性中凶残、血腥和具有破坏性的一面原本已在个体身上处于休眠状态，此刻又被重新激活，自由地寻求欲望的满足。不过，在暗示的作用下，群体也能完成谦让、无私和为理想奉献等高级成就。在孤立的个体身上，个人利益几乎是唯一

1　在孩童的情感生活中，各种情绪均有走向极端和失控的倾向。这一现象在梦境中亦有体现：由于各类情绪在潜意识中单独存在，日间的小矛盾就会让人在梦中产生杀人的念头，些许诱惑就能让人在梦中铤而走险。汉斯·萨克斯博士（Dr. Hans Sachs）曾对这种现象做过精辟的总结：“如果我们把梦境中与现实相关的部分提取出来，在意识中寻找它们的痕迹，就不难发现：我们在精神分析的放大镜下看到的庞然大物，实际上只是一条纤毛虫。”

的驱动力；而在群体之中，这股力量极少占据支配地位。可以说，在道德品性方面，个体被群体给同化了。尽管群体的智力水平远低于个体的智力水平，但其道德品性既可以远超个体水准，也可能远低于个体水准。

勒庞所总结出的一些其他特征，也为将群体心理等同于原始人心理提供了有力的佐证。在群体中，截然不同的思想可以和平共处，逻辑层面的对立不会造成任何矛盾冲突。而精神分析早已证明，在个体、孩童和神经症患者的潜意识精神生活中，也存在着同样的情况。[1]

另外，群体也受制于语言的魔力。话语可以在群体心理中掀起最为可怕的狂风骤雨，也可以让它平息。“理性和说教，根本无法与某些话语和公式抗衡。只要虔诚地在群体前说出这些话语和公式，人们会立刻俯首帖耳、肃然起敬。它们被许多

1　例如，小孩子对亲近之人长期持有矛盾的情感态度，但它们并不会彼此影响。即便真有矛盾出现，往往也可以通过改变对象解决：孩童会把一种矛盾情感转移到替代对象身上。从成年人神经症的发展过程中，我们也能观察到类似现象。被压抑的冲动往往能在潜意识乃至意识的幻想中存在许久，尽管它的内容与占据主导地位的冲动存在直接矛盾，但这种矛盾不会导致自我反对其所摒弃的内容。在很长一段时间里，这种幻想都被允许存在。直到有一天，往往是由于幻想的情感过于膨胀，它与自我之间的矛盾终于爆发，达到了一发而不可收的地步。

在从孩童到成人的成熟过程中，各种独立存在的欲望和追求还将被广泛地整合到一起，最终形成其性格。我们还知道，在性生活领域，各种性冲动也将被整合到一起，形成最终的性组织（《性学三论》，1905 年，《弗洛伊德全集》第五卷）。另外，众多著名的例子也表明，在统一的过程中，自我也可能像力比多一样遇到阻碍，如许多自然科学家一方面献身科学，一方面却也对《圣经》深信不疑。自我形成后多种多样的分裂可能，也可成为心理病理学一个十分特别的章节。

人视作自然的力量或是超自然的力量。”只需回忆原始人如何把某些名称当作禁忌，并将某些名称和话语同魔力联系在一起，就不难理解这一点。

最后，群体从来不求真相。它们需要幻觉，也离不开幻觉。在它们那儿，不真实永远优先于真实，虚假与现实几乎有着相同的影响力。它们明显倾向于对两者不加分辨。

我们还发现，在神经症的心理过程中，幻想和由未能满足的愿望促成的幻觉也占据支配地位。神经症患者在乎的不是共同的、客观的现实，而是心理现实。歇斯底里症基于幻想，而非真实经历的重复。诱发强迫症的负罪感，其实只是未被执行的罪恶愿望。没错，与梦境和催眠状态一样，在群体的心理活动中，现实关联也不得不屈从于强烈的情感愿望。

勒庞就群体领袖的论述，则没有那么详尽，他也没有清楚地指明其中的规律性。他说，无论是一群动物还是一群人，只要生物以一定数量集合在一起，就会出于本能，服从一个首领的指挥。群体是一个顺从的集体，它的存在离不开领袖。它天生就有顺服的需求，一旦有人以领袖自居，其他人就会不自觉地听命于他。

虽然领袖的出现是为了迎合群体的需要，但他也必须具备某些个人素质。他自己必须对某一观念（思想）坚信不疑，方能在群体中唤起信仰。他必须具备强大的、令人钦佩的意志，才能成为意志缺失的群体的榜样。随后，勒庞介绍了不同的领袖类型及他们影响群体的方式。总体而言，他认为领袖之所以成功，是因为他们本人也颇为痴迷的那些观念。

勒庞赋予这些观念和领袖无可抗拒的神秘力量，并将其称作“威望”。威望是某一个体、行为或观念所施加在我们身上的控制力。它麻痹了我们的批判能力，转而用惊愕和敬畏将其取代。它如同催眠中的吸引力一样，能够唤起某一类情感。

他把威望分为获得性威望（又称“人为威望”）和“个人威望”。前者既指个人因姓氏、财产和名气而获得的威望，又指观念、艺术品等因传统而获得的威望。由于所有这一切都指向过去，所以并不会给理解这种神秘的影响带来多大帮助。个人威望只属于少数凭此成为领袖的人，它就像具有磁性的魔法，让所有人都对领袖百依百顺。但这种威望以成功为前提，一旦失败就不复存在。

勒庞给我们留下了这样的印象：他生动形象地描绘了群体心理，却没能将它与领袖的角色和威望的重要性很好地结合起来。

对集体精神生活的其他论述

我们之所以从勒庞的论述入手，是因为它着重强调潜意识精神生活，这与我们的心理学十分契合。现在我们必须补充说明一点：他的论述其实并没有什么新意。他对群体心理的表现不无针砭，但在他之前，早已有人对其表现出过敌意。自有文献记载以来，众多思想家、政治家和作家都曾反复表达过这层意思。勒庞最重要的两个观点，即群体降低智力水平、放大情感因素，在不久前已被西盖勒（Sighele）阐述过。实际上，真正属于勒庞的东西只剩下潜意识和与原始人精神生活的比较，这两者其实也经常被前人所提及。

然而，勒庞等人对群体心理的描述和估计，也并非无可争议。上文所述的观察结果当然准确无误，但我们也注意到，就集体的组成方式，还存在着一些不同的看法，它们对集体心理也有着更高的评价。

勒庞也承认，群体的道德品性在某些情况下可以超越个体水准，而且只有形成集合，才能表现出无私奉献的高风亮节。

“在孤立的个体身上，个人利益几乎是唯一的驱动力。而在群体之中，这股力量极少占据支配地位。”

有人认为，只有社会才能为个体框定道德规范，而个体的道德水准通常达不到这一高要求。或者在某些特殊情况下，集体主义精神才能振奋人心，使其完成最了不起的群体壮举。

而在智力水平方面，那些伟大的脑力劳动成果、影响深远的发现和难题的解决，诚然都是个人独自求索的成果。但群体心理也有能力进行开创性的脑力创作，语言就是一个很好的例证，此外还有民歌、民间传说等。另外，单一思想家或作家的灵感究竟在多大程度上来自他所处的群体，他究竟只算一项集合群体智慧的思想工程的完成者，还是在此基础上另有贡献，本身也有待商榷。

在这重重矛盾面前，我们对群体心理的研究眼看就要无功而返。不过，找到一条更有前景的出路其实并不难。或许，“群体”这个概念太过庞杂，还需进一步细分。西盖勒、勒庞等人的群体指各类个体因眼前利益组成的临时集合。显然，他们的论述深受革命群体，尤其是法国大革命中革命群体的影响。而与其对立的观点研究的是稳定的群体或社会组织，它们具有完整的社会制度，也是人们终生生活的地方。两种群体形式之间的关系，好比短暂激烈的浪花与舒缓悠长的海浪。

麦克杜格尔（William McDougall）的《群体心理》一书从上述矛盾出发，从组织性的角度提出了解决方案。他认为，在最简单的情况下，群体（group）根本没有组织性，或者说它根本不值得一提。他将这类群体称作“人群（crowd）”。但他也承认，如果不具备组织的雏形，这群人也很难聚在一起。而且在这类简单的群体身上，其实更容易观察到集体心理的基本事实。这些凑巧聚在一起的人群要想进化为心理学意义上的群体，就必须满足一个前提，也即具有某种共性，如都对某个对象感兴趣，或在特定情况下具有共同的感受，或是具备相互影响的能力。（我想补充一点：前两者是具备相互影响能力的前提。）这种心理同质性（mental homogeneity）越强，个体就越容易组成心理集体，且这一“群体心理”也会表现得更为明显。

群体形成后最奇特也是最重要的表现，是每个成员都会表现出情绪亢奋（exaltation or intensifincation of emotion）。麦克杜格尔认为，一个人的情绪很少能在其他情况下变得如此高涨，而且还能让参与者乐在其中，听任激情自由释放，让他们纵身投入集体的怀抱，感到自己终于不再受限。他提出了所谓的“情绪经原始共鸣直接传导原则（principle of direct induction of emotion by way of the primitive sympathetic responce）”，来解释个体被群体情绪所吸引的现象。这其实就是我们已知的情绪传染。事实上，对某一情绪状态的感知，会自动在感知者身上诱发相同的情绪。从他人身上感受到的同类情绪越强烈，这种自动强迫效应也就越加明显。这时，个体丧失了批判能力，转而随波逐流，陷身相同的情感之中。与此同时，他也使得对他施加影响的人更为情绪激动。于是，个体的情绪就在相互传导中变得更为亢奋。一个人想要与他人看齐，与众人保持一致，显然是有某种强迫因素在作祟。相对粗野和简单的情绪，更容易以这种方式在群体中蔓延开来。

来自群体的另一些影响，也为这种情绪放大机制创造了有利条件。群体给个体一种无所不能、不可战胜的印象。它暂时取代了作为权威载体的人类社会，人们害怕来自权威的惩戒，因而对自己多加约束。与权威对抗，显然是一件危险的事情；效仿周围的榜样更为安全，许多人甚至不惜为此“与狼共舞”。为了顺从新的权威，人们不惜昧着良心，沉溺于种种约束条件被废除之后欲望满足的诱惑之中。总体来看，假如个体在群体中做出平时不敢苟同的行为，或是对此表示赞成，其实都并不奇怪。我们甚至可以凭借这一点，部分解释“暗示”现象的谜团。

但是，麦克杜格尔并不反对群体中智力水平遭受集体阻碍的论断。他说，智力水平较低的人会把智力水平较高的人拉到与自己同等的水平线上。后者的智力发挥会遭受阻碍，因为一来情绪亢奋不利于正常的脑力工作；二来个体受到群体的威慑，不能自由思考；三来个体对自己成果的责任感普遍下降。

和勒庞一样，麦克杜格尔对简单、“无组织性”群体的心理成就总体评价不高。这样的群体“易于兴奋，狂热冲动，反复无常，前后不一，优柔寡断，行事极端，简单粗野，易受暗示，思维轻率，反应过激。它们只听得进极为简单、十分草率的结论和意见，容易被人左右和威慑，缺乏自我意识、自尊心和责任感，却自恃力强、胡作非为，做出了所有绝对化、不负责任的力量所能带来的一切恶果。所以，在陌生的环境下，他们行事更像一个个没有教养的孩子，或是一个个既躁动又无人管教的野人；在最糟糕的情形下，他们的行径甚至更像一群野兽，而不是一群人”。

以此作为参照，麦克杜格尔也总结了具有高度组织性的群体的行为模式。我们迫切地想知道，这种组织性到底体现在哪儿，又是如何生成的。他总结了五个将集体的精神生活提升到更高层次的“基本条件”：

第一，群体的存在必须具有连续性。这种连续性可以体现在物质和形式两个方面，前者指同一批人在群体中待较长一段时间，后者指群体中存在一些特定职位，由不同的人交替担任。

第二，群体中的个体会对群体的性质、功能、作用和任务形成特定的认识，从而使其与整个群体产生情感联系。

第三，群体将和许多与它类似，但又在许多方面有所不同的群体结构发生联系，如相互竞争。

第四，群体拥有传统、风俗和习惯，尤其是那些与成员关系密切相关的传统和风俗习惯。

第五，群体中存在分工，个体有各自的专长和特征。

在麦克杜格尔看来，一旦满足这些条件，群体结构的心理缺陷就能得到弥补。人们可以把一些智力任务从群体中撤回，将它转交给某些个体，从而避免智力水平的集体下降。

麦克杜格尔所谓的群体“组织性”，似乎可用更合理的方式进行表述。其首要任务，是使群体具备个体在加入群体时所丧失的典型特征。在加入原始群体前，个体既有连续性、自我意识、传统和习俗，也有特殊作用和定位，且与自己的竞争对手保持差异。在加入“无组织性”的集体时，他暂时丧失了这些特点。如果意识到最终的目标是使群体具备个体的种种标签，那我们将不由联想到威尔弗雷德·特罗特尔（W. Trotter）[1]寓意深远的观点。他认为，所有高等生物都是多细胞生物，组成群体的倾向正是这一现象在生物学上的延续。[2]

暗示和力比多

我们的研究从一个基本事实出发：群体中个体的心理活动发生了巨大的改变。他的情绪变得格外亢奋，他的智力活动受到了极大的限制，这两个变化显然都是为了向其他群体成员看齐；要实现这一点，必须清除每个个体对欲望的限制，令其

1　《和平和战争时期人群的欲望》，伦敦，1916 年。

2　汉斯·凯尔森（Hans Kelsen）的评论通常见解独到，切中要害。但他在《偶像》杂志中，认为将群体心理组织化也是将其独立化，也就是将它与个体的心理过程完全独立开来。对此，我不敢苟同。

放弃原本的倾向。我们现已知道，通过将群体在较高层次上“组织化”，这些人们所不愿看到的结果可以在一定程度上被避免。但群体心理的两大基本事实，也即原始群体的“情绪亢奋”和“思维受阻”，依然无人反驳。接下来，我们将致力于对个体在群体中的这一心理变化给出心理学层面的解释。

上文提到，个体在群体中受到威慑，从而激发其自我保存的欲望。像这类理性因素，不足以完整解释我们所观察到的现象。遗憾的是，许多社会学和大众心理学研究者给出的解释，基本上都与“暗示”这个充满魔力的词语相关，最多只是换一套说辞而已。塔尔德（Jean Gabriel Tarde）将其称作“模仿”，但有人不无道理地指出，模仿也属于暗示范畴，它是后者的延续。

勒庞认为社会现象中所有令人惊奇之处都源自两大要素：个体间的相互暗示和领袖的威望。但威望的表现就是引发暗示。麦克杜格尔提出的“原始情绪传导原则”，初看似乎与暗示无关。但仔细想来，这个原则主张的无非也是“模仿”和“传染”，只不过它更强调情绪因素。当我们从他人身上感知到某种情绪状态，就容易产生相同的情绪，这种趋势无疑存在。但我们又能举出多少成功抵御外来情绪侵袭，将它拒之门外并以截然不同的方式做出回应的例子呢？为何当我们身处群体之中，就会屈从于这种传染作用？人们又会说，是群体的暗示性影响促使我们顺应模仿的趋势，是它把情绪传导给了我们。另外，麦克杜格尔也从未回避暗示这个概念，与其他人一样，他也曾说：易受暗示是群体的一大特征。

所以我们不得不相信，暗示（更准确的说法是可暗示性）是一种不可再分解的原始现象，是人类精神生活的基本事实之一。这也是伯恩海姆（Hippolyte Bernheim）的观点——1889 年，我曾亲眼见证了他那令人瞠目的技艺。[1] 当时，我就隐约觉得这种粗暴的暗示手段存在不妥之处。如果病人不肯配合，就会这样被人训斥："您到底在干吗？您这是在反抗暗示！"在我看来，这显然是不公平的暴行。当别人想通过暗示将他征服，患者当然有抵制暗示的权利。后来，我的怀疑又有了新的反对方向：能解释一切的暗示，本身却得不到合理的解释。说到这儿，我不禁又要重复那个古老的谜题了：

克里斯多夫背着基督，
基督背着全世界，
那你倒是说说，
克里斯多夫的脚当时放在哪儿啊？

1　译者注：1889 年，弗洛伊德赴法国进修，在南锡见证了伯恩海姆施展催眠术治病。

时隔三十年后，当我再次面对暗示这一谜题，一切都还是老样子。只有一个例外恰恰证实了精神分析的影响，这里就不提了。我注意到，人们花了很大力气，去准确定义“暗示”这一概念，力求规范这个词的使用[1]，这当然不是多余之举。因为随着这个词使用范围的扩展，它的词义也变得越来越松散，且容易受到外界影响。例如，英语中的“to suggest，suggestion”已经有了“建议、倡议”的意思。但对于暗示的本质，也即影响如何在缺乏足够逻辑支撑的情况下产生，目前还没有合理的解释。我对这一点绝不讳言，本来也打算通过对过去三十年间研究文献的分析来证明我的看法，但现在我的身边正好有人计划通过周密的研究来解决这个问题[2]，所以我就放弃了原来的想法。

现在，我将试图借助力比多（Libido）[3]的概念解析群体心理。此前，它在研究精神疾病的过程中已经给过我们许多帮助。

力比多这个称呼源自情绪理论。我们将它作为量化单位，衡量所有与爱相关的欲望的能量大小——虽然我们目前还没法测量它。我们这里所指的爱，主要是以实现性交合为目的的爱，也即通常意义上的性爱。它被许多作家所称颂。当然，我们也

1　这也是麦克杜格尔在发表于《神经科学与心理病理学杂志》第一卷，第一期（1920年5月）的《关于暗示的一段笔记》中所主张的观点。

2　遗憾的是，这项工作最终未能开展。

3　译者注：又译作“性力”“性欲”或“原欲”。

不排斥其他与爱相关的情感，如自爱、对父母和子女的爱、友爱、普世之爱，以及对某些具体事物和抽象概念的喜爱。精神分析研究为我们的做法提供了依据。它认为，所有这些追求都是同一种欲望冲动——两性交合冲动的表现。虽然某些关系表面上避开了性目标，或是未能最终实现它，但性的原始本质依然在其中被保留了下来，并且很容易被辨识（如自我牺牲，渴求亲近）。

也就是说，“爱”这个词在语言中得到了丰富的使用，也具备了合理的含义。我们最好的办法，就是把这些作为科学研究和表述的根据。这样的做法，却为精神分析招致一片谩骂之声，就好像它做了什么大逆不道的莽撞之举。实际上，这种广义的爱并非精神分析所原创。哲学家柏拉图所提出的“爱欲（Eros）”概念，无论是从起源、作用还是与性爱的关系上看，都与精神分析的力比多（性力）概念不谋而合。对此，纳赫曼松（Nachmansohn）和普菲斯特（Oskar Pfister）分别有过详细的论述。在写给哥林多人的那封著名书信中称颂爱至高无上的使徒保罗，肯定也在从广义角度理解爱。[1] 从中我们可以看到，人们虽然表面上对伟大的思想家万般崇奉，内心里其实

1 “无论我用凡人还是天使的口吻说话，如果话中无爱，那我不过是空有其声的铜管和叮当作响的铃铛。”亦参见后文。

并不一定把他们当回事。

现在，精神分析从经验和来源的角度出发，将这类爱欲统称性欲，但大多数“饱学之士”都把这一名称的改变视作侮辱；作为报复，他们给精神分析打上了“泛性主义”的标签。谁若认为谈“性”侮辱和贬低了人格，那完全可以用更加文雅的表达代替，如“爱欲”或“情欲”。我原本也可以从一开始就这样做，那样还可以避免许多口舌之争。但我不愿这么做，因为我不会向懦弱让步。一旦走上这条道路，就不知道等待你的究竟是什么；起初是在用词上让步，后来可能就在内容上慢慢妥协了。我认为，羞于谈“性”，并没有可取之处；有人想用希腊语的“爱欲（Eros）”作为替代品，但这个词其实无非只是德语“爱（Liebe）”的翻版。何况，只要有足够的耐心等待，本就无须做任何妥协。

总之，我们不妨假设爱的关系（更为中性的表达是“情感联系”）也是群体心理的本质。我们不妨回想一下，其他学者并没有提出过类似的说法。可能与其相对应的东西，都被隐藏在了暗示这道屏障之后。简单想来，我们的观点可能从两个方面得到支持：首先，显然有某种力量把群体连接在了一起。除了把世上众人连接在一起的爱欲，又有谁能有这么大的本事呢？其次，我们注意到群体中的个体倾向于放弃个性，接受其他人的暗示。他这么做是为了与他人保持一致，而非对立。所以这么做，或许就是为了“取悦他人”[1]吧！

两种人为群体：教会和军队

回顾群体的形态，我们不难发现它的构成形式和发展方向十分多样。有的群体如昙花一现，有的群体旷日持久。有的群体是同质的，也即由同一类个体组成，另一些群体则是异质的。群体还可分为自然群体和由外部力量强迫形成的人为群体，或是原始群体和分工明确、高度组织化的群体。此外，我还要特别强调另一种分类方法，即无领袖群体和有领袖群体。这一点极少被其他学者所注意，而我这么做的理由你们很快就会明白。与平时不同，我们没有选择一个相对简单的群体结构作为研究对象，而是直接从高度组织化、持续良久的人为群体入手。其中最为有趣的例子，当属由信徒组成的教会和由军人组成的军队。

教会和军队都是人为群体，也就是说必定有某种来自外部的强制力量，迫使它的结构不发生变化，不至于土崩瓦解[2]。通

1　译者注：此处德语原文为“ihnen zuliebe”，意为“取悦他人”，但字面上可解释为“为了去爱他人”。弗洛伊德在文中将这一短语打上引号，实有一语双关之意。

2　在群体中，“稳定”和“人为”这两个因素似乎经常同步出现，或是至少密切相关。

常来说，在是否愿意加入群体这个问题上，不会征询个人的意见，他也无权自由抉择。同样，退出的尝试会受到迫害和严苛的惩罚，或是与某些特定的条件联系在一起。这类组织为何需要如此特别的保护，不是我们要研究的话题。吸引我们的是，在这类需要严防死守才不至于崩溃的高度组织化群体中，一些在其他地方不易观察到的现象表现得格外明显。

教会（我们不妨以天主教会为例）和军队虽有千差万别，但在两者中间都存在着一种假象（幻觉）。加入其中的人以为，有一个首领会以平等的方式对所有成员施以关爱。在天主教中，这个人是基督；在军队中，这个人是统帅。一切都仰仗这种幻觉，它一旦不复存在，只要外部的强制力量允许，无论是教会还是军队都会当场解体。基督曾亲口强调过爱的平等性：你们冒犯我的任何一个小兄弟，就是在冒犯我。对于他的每一个信众而言，他就是一个善良的兄长，是父亲的替代者。对个体的一切要求，都出自基督的爱。教会中弘扬民主，这是因为基督面前人人平等，每个人都得到了他同样的爱。基督教团体如同家庭，这一点有其深层次原因。信众之间以兄弟互称，是基督的爱将他们联系在一起。毫无疑问，与基督的共同联系，正是信徒间相互联系的原因。在军队中也是一样：统帅就是“父亲”，他对所有士兵施以同样的爱，于是士兵们成了同志。从结构上看，军队和教会的区别在于它由多个层级的群体组成。每一名指挥员都是自己辖军的统帅和父亲。每一名下级士官在自己的队伍中也有着同样的身份。教会中虽然也有类似的等级制度，但其功效显然无法与军队抗衡。这是因为相比身为凡人的军队统帅，基督对个体更为了解，也更为关爱。

肯定有人反对这种军队的力比多结构，他们的看法其实不无道理：爱国、民族荣耀等观念在军队团结的过程中如此重要，我在论述中却只字未提。对此，我的回应是：这是另一种更为复杂的集体构成形式。正如凯撒大帝、华伦斯坦、拿破仑等大军事家的例子所体现的那样，他们并非一支军队不可或缺的要素。稍后，我们还将简要讨论用某个指导思想取代领袖的可能性及两者之间的关系。即便力比多不是唯一的要素，忽视其在军队中的作用不只是一大理论缺陷，更是一个实践错误。普鲁士军国主义和德国科学界一样不尊重心理学，在“一战”中大概已经吃足了苦头。瓦解德军意志的战争神经症，其实很大程度上是个体对其在军队中被指派的角色心存不满的表现。按照恩斯特·西美尔（E. Simmel）的说法，上级对普通士兵冷酷无情，是诱发其心理疾病的原因之一。如果我们更加重视力比多的诉求，美国总统那异想天开的十四条原则[1]就不

1　译者注：指1918年美国总统威尔逊提出的世界和平纲领。随着1919年巴黎和会谈判破裂，十四条原则宣告失败。

会被人们所轻信，强兵利器也不会毁在那位德国铁血宰相[1]的手里。

我们必须注意，在这两种人为群体中，每个个体一方面与领袖（基督、统帅）存在力比多联系，另一方面也与群体中的其他个体存在这种联系。这两种联系如何共存，它们是否同属一类、力量对等,应如何在心理学上对其加以描述,有待稍后研究。我们先斗胆把别的学者批评一番，因为他们不够重视领袖对群体心理的影响，而我们一开始就选择了有利的研究对象，故而注意到了这一点。如此看来，我们似乎踏上了正轨，有望解释群体心理的一大主要现象——个体在群体中的不自由性。如果每个个体都有如此强烈的双向情感联系，那我们很容易就能推断出，我们所观察到的个性改变和受限均源自这层关系。

另外，从最容易在军队身上出现的恐慌现象（Panik）中，我们也能看出群体的本质是存在其中的力比多联系。当这类群体瓦解时,恐慌就产生了。它的标志,就是无人听从上级的指挥。众人自顾不暇，更无从他顾。相互之间的联系就此中断，取而代之的是巨大的、无意义的恐惧(Angst)。肯定又会有人反驳说，情况正好相反，恐惧先开始无休止地蔓延，才使得一切的相互体谅和联系不复存在。麦克杜格尔甚至把恐慌（可惜不是军队

1　译者注：指俾斯麦。

中的恐慌）作为例子，认为它是他所强调的由传染引发的情绪亢奋机制的典型表现。只不过，这种看似理性的解释其实完全行不通，因为它必须解释恐惧为何蔓延开来。这显然不能怪罪于危险的严重程度，因为现在陷入恐慌的这支军队，却可以无可指摘地克服同样甚至更大的危险。何况，恐慌的本质就在于它与面临的威胁无关，反倒经常在不经意间爆发。个体在恐慌心理作用下选择独善其身，就意味着此前一直为他降低危险性的情感联系就此中断。既然他现在不得不独自直面危险，那他就有权利把危险设想得更严重一些。所以，群体中力比多结构发生松动是恐慌形成的一大前提，恐慌则是对这种现象的正常反应。相反，认为恐惧导致群体力比多联系中断是没有道理的。

这一说法与恐惧在群体中以传导（传染）的方式四处蔓延的观点并不矛盾。麦克杜格尔的说法，完全适用于那些危险真实存在而群体中又不存在强烈情感联系的情况。例如，一家剧院或某个娱乐场所发生火灾，就满足上述条件。但对我们更有裨益的还是整支军队陷入恐慌，而危险却没有超出可忍受范围的例子。我们不能指望“恐慌”一词能够拥有清晰的定义。它有时指群体性恐惧，有时又指个体的恐惧，但它往往被用来形容那类恐惧爆发却找不到其原因的情况。如果我们把恐慌理解成“群体性恐惧”，那还可以进一步用它作类比。诱发个体恐惧的原因有二：一是危险程度高，二是情感联系（力比多占位）中断。后者就是恐惧性神经症。同样，恐慌的诞生一是因为危险程度上升，二是因为群体间的情感联系中断。后一种情况完全可以与恐惧性神经症做类比。

我们如果像麦克杜格尔那样，把恐慌当作群体心理最明显的表现，就会陷入矛盾之中，因为这样一来，群体心理就在它最耀眼的一刻终结了自己的生命。毫无疑问，恐慌的出现意味着群体的瓦解，它导致群体中的个体不再相互关心。

恐慌爆发的典型原因，其实在内斯特罗（Johann Nestroy）模仿黑贝尔（Friedrich Hebbel）剧作[1]创作的滑稽剧《尤迪特和霍洛费纳斯》中就有所体现。剧中，一位士兵惊叫道："元帅的脑袋掉了。"听到这句话，所有的亚述人四散奔逃。同样，假如领袖发了疯，那即便危险程度没有变化，也会在另一种意义上造成群龙无首。通常情况下，随着个体与领袖之间的联系消失，个体间的联系也不复存在。群体就像一个被打破了尖端的波隆尼瓶[2]，彻底土崩瓦解。

宗教群体的瓦解过程没有那么明显。不久前，我拿到一本出自天主教界、由伦敦主教推荐的英语小说《天黑以后》。它以恰当的方式，巧妙地描绘了宗教解体的可能性及其后果。小

1　指黑贝尔 1841 年创作的《尤迪特》一剧。

2　译者注：波隆尼瓶是一种有着长尖端的玻璃容器。它的内部极其脆弱，一旦尖端破裂就十分易碎。

说的故事发生在现代。一群密谋颠覆基督形象和基督教信仰的人，成功地在耶路撒冷找到了一座墓室。在墓室的铭文上，亚利马太的约瑟（Josef von Arimathäa）[1]承认自己出于虔诚，在耶稣遗体下葬三天后又把他从墓中取出转葬此地。这样一来，耶稣复活[2]的故事就不复存在了，他的神灵身份也遭到质疑。这一考古发现，直接撼动了欧洲文化的根基，也使暴力犯罪数量直线上升。直到作假者的把戏被揭穿之后，一切才恢复常态。

在这个关于宗教群体瓦解的虚构例子中，真正显露出来的不是恐惧（因为缺少引起恐惧的原因），而是人心中残忍和排外的一面；此前，在基督平等的爱面前，它一直没有发挥作用的机会。在这层联系之外，基督教王国中仍有一些人不属于这个信仰集体，他们不爱基督，也不为基督所爱；所以，即便一个宗教以“爱的宗教”自居，它依然要对非信众表现出冷酷无情的一面。基本上，所有宗教在信众面前都是爱的宗教，而对不属于它的人则表现得残酷而苛刻。虽然从个人感情上看很难接受，但我们其实不应过分指责那些信众。在这一点上，那些不信教或对宗教态度冷漠的人往往有着更好的心理处境。即便这种不容异说的姿态不再像前几个世纪那样残酷无情，我们也

1　译者注：据《圣经》记载，亚利马太的约瑟是耶稣门徒，也是耶稣遗体的安葬者。

2　译者注：《圣经》记载耶稣死后三天复活。

不能由此推断人类的品德已经有了进步。更主要的原因，还是宗教情感的弱化——这是不容置疑的事实——和与此相关的力比多联系的减弱。假如有另一种群体结构（如现在的社会群体）取代宗教，这种对外人的排斥依然会像宗教战争年代那样表现激烈。倘若科学观点上的分歧也可被视作群体之争，那结果也是大同小异。

其他一些任务和研究方向

到目前为止，我们研究了两类人为群体，发现其中存在两种情感联系。其中，个体与领袖间的情感联系似乎比群体个体间的情感联系更具决定性意义。

在群体形态方面，还有许多需要研究和探索的问题。我们以为，只要个体间尚未产生联系，那即便聚在一起也不能算群体；但我们也必须承认，在任何一个群体中，组建心理群体的倾向都是显而易见的。我们必须关注那些自发形成、种类各异、持续时间长短不一的群体，研究他们形成和解体的条件。最主要的是，我们将研究有领袖群体和无领袖群体的区别，考察有领袖群体是否是最原始、最完整的群体类型，检验在无领袖群体中是否有某种思想或概念代替了领袖的位置（只有精神领袖出现的宗教群体可算是一种过渡状态），探索多数人参与的趋势或愿望是否也可以起到替代领袖的作用。这些抽象概念还可以或多或少地集中到某个第二领袖身上，思想和领袖的关系也可能发生多种有趣的变化。领袖和主导思想也可以是负面的；对某个人或某个机构的憎恨，也可以与正面的归属感一样，起到团结众人的作用，唤起类似的情感联系。所以我们也不禁要追问，领袖对于群体的本质来说是否必不可少。类似的问题还有许多。

虽然部分问题的确值得在群体心理学著作中进行讨论，但我们的目光还是牢牢盯住那些能让我们对群体结构有所了解的心理学基本问题。首先吸引我们的思考，以最为便捷的方式证明了力比多联系是群体的基本特征。

我们不妨先看看人与人之间通常存在怎样的情感联系。按照叔本华著名的“豪猪法则”，没有人能忍受与他人距离过于亲密。[1]

精神分析证实，在几乎每一种长期存在的二人亲密情感关系（婚姻、友谊、亲子关系[2]）中，都潜藏有对立和敌视的情

---

1 “在一个寒冷的冬日里，一群豪猪抱团取暖，但它们很快感觉到了对方身上的刺，于是又各自散开。当取暖的需求迫使它们再度靠近，这一过程又周而复始。它们在寒冷的痛苦和被扎的刺痛间来回徘徊，直到找到一个合适的、最能忍受的距离。”

2 或许只有母子关系是个例外。它建立在自恋的基础之上，不会被后来的竞争所干扰，反倒逐渐对性对象选择产生了影响。

绪，只不过由于压抑作用的存在，它不容易被我们觉察。但在股东与合伙人的争执中，在下级对上司的抱怨中，这些情绪昭然若揭。同样的现象也会出现在人类组成较大规模团体的时候。两个家庭结为姻亲，每个家庭都觉得自己比对方条件更优越。两座相邻的城市，往往会打得不可开交，就连瑞士的每个州都瞧不起其他州县。相近的族群容易产生冲突：南德人受不了北德人，英格兰人老爱说苏格兰人坏话，西班牙人瞧不起葡萄牙人。更大的差异则会带来难以逾越的厌恶感：高卢人对日耳曼人、雅利安人对闪米特人、白人对有色人种的反感，我们早已见怪不怪。

而如果敌意的矛头对向一个原本爱着的人，我们把这称作矛盾情感（Gefühl ambivalenz）。我们用多种原因造成的利益冲突去解释这一发生在亲密关系中的不寻常现象，但这种做法显然过于简单粗暴。而一个人对周围陌生人的厌恶和排斥显然更为明显，我们可以把它视作自爱和自恋的表现。自恋的人追求实现自我主张，所有不合其心意的地方，都被他视作对自己的批评，是在要求他做出改变。一个人为什么会对细微的差别如此敏感，我们不得而知；显而易见的是，人类的这种行为表露出不明原因的恨意和攻击性，这也是人性的基本特征。[1]

但所有这些残酷的一面，都在群体形成和存续的过程中暂时或永久地消失了。只要群体一直存在，在它的限度之内，个体表现得具有同一性，他们能够容忍他人的个性，主动向他人看齐，也一点都不会对他们表现出厌恶。在我们的理论体系中，对自恋的这般限制只会出现在一种情况中，那就是个体与另一些人产生了力比多联系。对自己的爱，只会在对他爱人的爱，也即对象之爱面前受到限制。肯定有人会追问，利益共同体是否无须仰仗力比多的作用，就能让人容忍他人，为他人考虑。我们首先要明白，在这种情况下，自恋心理其实并未受限，因为对他人的容忍存在时间限制，它的存在时间不会超过从合作中直接获利的时间。何况对这一问题的争论其实并没有太多实际价值，因为经验表明，在这类合作关系中，合伙人之间也会定期产生力比多联系。这层联系使得合伙人间的关系超越利益范畴，变得更为稳定持久。精神分析研究就个体力比多发展过程得出的结论，也同样适用于社会人际关系。力比多依附于对重大生活需求的满足，并把参与这一过程的人选作自己的第一批对象。与发生在个体身上的情况一样，在整个人类的发展史

1 在不久前（1920 年）发表的《超越唯乐原则》一文中，我尝试把爱与恨的对立与我所假定的“生的欲望”“死的欲望”联系起来，并把性欲望视作前者最纯粹的代表。

上，爱一直作为文化要素起作用，使人由利己转向利他。这里所指的爱,不只是为讨女性欢心而对其百依百顺的异性之爱,也包括排除性别因素、与合作相关联且经过升华[1]的同性之爱。

所以，如果自恋般的自我之爱在群体中受到了在群体外不存在的限制，那这无疑有力地证明，群体形成的本质就是在各群体成员之间新出现的力比多联系。

现在，我们肯定迫切地想知道，群体中的这些联系究竟是什么。在此前的精神分析神经症学中，我们所研究的那些对象之爱，几乎全都追寻直接的性目标。这些性目标显然不适用于群体。所以我们在此处提到的爱欲，虽在激烈程度上毫不逊色，但显然已经脱离了最原始的目标。在一般的性对象选择过程中，我们已曾注意到欲望脱离性目标的情况。我们把这称作“爱的不同程度”，也发现它可能会给自我带去伤害。现在，我们将仔细研究这类现象，并希望在它们身上发现一些情况，再将其作类比，用于解释群体中的联系。此外，我们还想搞明白这类对象选择是否如我们从性生活中所了解的那样，是人与他人之间唯一的情感联系方式，抑或我们还应当把别的机制也纳入考虑范围。从精神分析那儿，我们知道的确存在别的一些情

1　译者注：升华作用（Sublimierung）是弗洛伊德的一个核心概念，指人类将原始的性欲望转化为与性无关的、更高层次的推动力的行为。弗洛伊德认为，对原始性欲的升华是人类文明的开端。

感联系机制，如所谓的“认同作用”（Identifizierung）。这一过程并不广为人知，也很难说清楚。对它的研究将使我们在较长一段时间里脱离群体心理学这一主题。

认同作用

在精神分析看来，认同是与他人情感联系的最初表现。它在俄狄浦斯情结（Ödipus Komplex）的史前阶段也扮演了重要角色。小男孩会对父亲表现出特别的兴趣。他想成为父亲那样的人，在各个方面取代他的位置。我们完全可以说：他把父亲视为了自己的榜样。这一行为与对父亲（乃是一切男子）的被动态度或女性化态度无关，它完全是男子应有的表现。它与俄狄浦斯情结并不矛盾，且为后者铺平了道路。

几乎在对父亲产生认同的同时，男孩也在“依赖型倾向（Anlehnungstypus）”[1]的影响下，把母亲作为自己的对象。于是，在他身上出现了两种不同的心理联系，他把母亲视作性对象，把父亲视作认同的榜样。在一段时期内，两者互不干涉，对

---

1 译者注：弗洛伊德认为，孩童从自恋转向他恋的过程中，有两种不同的倾向。依赖型倾向旨在按照父母的范式寻找性对象；另一种“自恋型倾向（Narzisstischer Typus）”旨在按照内心中完美自我的样子寻找性对象。

彼此毫无影响。但随着精神生活不可避免地要被统一，两者终于产生了冲突，一般俄狄浦斯情结也以这种方式产生。小男孩在母亲那儿发现，父亲的存在挡了他的路。于是，他对父亲的认同就被蒙上了一层敌视的色彩，他开始想取代父亲在母亲那儿的位置。从一开始起，这种认同就有着矛盾的一面，它既可以表现为与父亲亲近，也可以表现为除掉父亲的愿望。它的表现，与力比多在口欲期的表现如出一辙：在这个时期，人们会把自己所追求和喜爱的事物当作食物吞下去,从而将其损毁。众所周知，这就是食人族惯行的做法。他们喜欢把敌人生吞活剥，但却不会吃那些自己不喜欢的人。对父亲的认同究竟该何去何从？这一点很容易脱离人们的视野。一种可能的情况是,俄狄浦斯情结发生了反转。男孩会以女性化的态度，把父亲当作对象，希望在他身上获得性欲的直接满足。于是，对父亲的认同就成了与父亲产生对象联系的前提。同样的情况也适用于小女孩：我们只需把故事中的男孩改为女孩，父亲改为母亲。

对父亲产生认同和把父亲当作对象的区别，用一个公式就能概括清楚。在第一种情况下，父亲是一个人想要成为的人；在第二种情况下，父亲是一个人想要占有的人。区别在于，与父亲产生联系的对象究竟是自我的主体还是客体。所以，第一种情况在一个人做出性对象选择前就可能出现。两者之间的区别，很难从心理玄学的角度去阐释。我们只注意到，认同作用追求的是参照榜样来构建自我。

认同作用在神经症形成的过程中所起的作用要更为复杂一些。现在我们不妨拿女孩来举例。一个女孩和自己的母亲患上了同样的顽疾，如咳嗽不停。这一现象可以有多种不同的解释。这种认同可以是俄狄浦斯情结意义上的认同，这意味着女孩对母亲心怀敌意，想要取而代之，从她的症状中可以看出对父亲的对象之爱。在负罪感的影响下，她以另一种方式实现了取代母亲的愿望：你不是想取代她吗？那至少现在你也跟她一样受罪了。这一过程反映了歇斯底里症形成的完整机制。或者，这一症状也代表了母亲是她所爱的人（正如《一次歇斯底里症分析片段》中，朵拉模仿父亲的咳嗽那样）。那我们只能认为：认同作用取代了对象选择，对象选择回归到了认同作用。我们说过，认同作用是最早最原始的情感联系方式。在症状形成的情况下，也即在压抑作用和潜意识机制的统领之下，对象选择很容易回归认同作用，于是自我便开始模仿对象的特征。值得注意的是，在这类认同中，自我时而模仿讨厌的人，时而模仿喜爱的人。另外，无论是哪种情况，这种认同作用都是局部的、高度受限的，它只会借用对象的某个特征。

第三类症状形成的情况尤为常见，也具有特别的意义。在这种情况下，认同作用和被模仿的人之间完全不具备对象关系。例如，在一所寄宿学校里，某个女生收到其暗恋对象的一封信，深受刺激，歇斯底里症发作。她一些知晓内情的女友，也以被我们称作“心理传染”（psychische Infektion）的方式，患上了同样的症状。这一认同作用的机理，在于将心比心，感同身受。那些女孩也想有一段秘密的恋情，所以在负罪感的影响下，也自愿承受这份痛苦。她们并非出于同情，才有了相同的症状表现。相反，同情也是认同的结果。最有力的证据是：在某些情况下，即便模仿者和被模仿者之间的关系不像寄宿学校女生那样紧密，这类传染或模仿依然会出现。一个自我在另一个自我身上发现了重要的相似点——在我们这个例子中就是同样的多愁善感——并围绕这一点对其产生了认同。在致病因素的影响下，这种认同也蔓延到了某个自我的症状身上。这种对某一症状的认同，成了两个自我具有一致性的标志；而真正的原因，则遭到了压抑。

从以上三个例子中，我们可以总结出以下三点：第一，认同作用是与某个对象最原始的情感联系；第二，它以退化的形式，用把对象投射到自我身上的方式，取代了力比多的对象联系；第三，当一个人发现自己与他人的共性之后，即便那个人不是其性冲动的对象，认同作用也可能产生。这种共性越重要，局部认同就越成功，也越容易开始一段新的联系。

我们已经觉察到，群体中个体的相互联系从本质上看，就是由某种情感共性引发的认同作用。我们不妨猜测，这种共性就在于与领袖产生联系的方式。同时我们也发现，我们还远未把认同作用研究透彻，我们在“情感代入（Einfühlung）”面前停下了脚步，尽管它在帮助我们理解那些“其他人不为我知”的事情方面，有着极大的影响力。但我们还是把论述局限于认同作用最主要的情感影响上，而不去考虑它对我们智力生活的意义。

精神分析已经解决过一些较难的神经症问题，也可以为我们解释一些无法被直接理解的认同现象。接下来，我将详细介绍两个这类案例，并把它们作为下一步研究的素材。

大多数男同性恋是这样产生的：在俄狄浦斯情结的作用下，青年男子的情感会固置在母亲身上。这种固置作用持续异常之久，也异常强烈。在青春期过后，他们终于开始用另一个性对象去替代母亲。但这一过程中突然出现了差池：他没有脱离母亲，反倒对她产生了认同；他把自己当作她，转而寻找能替代他的自我的对象。他用母亲爱他的方式，对这些对象倍加关爱。这个过程经常出现，也经得起检查；有人猜测这一突然转变有某种有机组织在推动，或具有某种动机，但这显然与我们的研究无关。这类认同最为引人注目的地方，是它的丰富性。它照着之前对象的样子，把自我变得无比重要，使其具有了性特征。在这个过程中，对象被抛在了一边。至于他是完全被抛弃，还是被保留在了潜意识之中，不是这儿要讨论的话题。对被抛弃或遗失的对象产生认同，进而将其取代，并把这一对象投射到自我身上——以上这些内容，对我们来说其实并不陌生。在小孩子身上，偶尔也能直接观察到这一现象。不久前，《国际精神分析杂志》上就发表了这样一个案例：一个孩子不幸弄丢了一只小猫，于是他干脆说，自己现在就是那只猫咪，从而开始四肢着地走路，还不愿意上桌吃饭……

另一个把对象投影的例子，来自我们对忧郁症的分析。在现实中或情感上失去所钟爱的对象，是这种疾病最常见的诱因。它的主要特征，是残酷的自我贬低、无情的自我批判和痛苦的自我责罚。分析表明，这些评价和指责原本是针对对象的，是自我对对象的报复。只是，对象的阴影投射在了自我身上——我曾在别的场合这样总结道。在这个例子中，对象的投射再明显不过。

这类忧郁症还给我们一些别的启示，这对我们今后的研究十分重要。自我在其中一分为二，其中一部分对另一部分大发脾气。后者是被投射所改变的、包含了失去的对象的自我。我们对行事冷酷的前者也并不陌生：它包含了良知，即自我中具有批判性的中枢。即便是在正常的状态下，它也会对自我加以批判，只不过不会那么刻薄和有失偏颇。在早些时候（研究自恋、悲伤和忧郁症时），我们已经猜测到自我中会出现一个这样的中枢，它与自我的其他部分脱离，并与之产生矛盾。我们把它称作“理想自我”，认为它的角色就是自我观察者，道德良知、梦境的审查者及压抑作用中的主流影响因素。我们认为，它是原始自恋（儿童自我陶醉）的延续。在发展的过程中，它逐渐从周围的影响中，吸纳了那些自我所无法满足的环境要求，从而使得那些对自我感到不满的人，能够从与自我不同的理想自我身上获得满足。我们还发现，在被偷窥妄想症中，这一中枢从自我中分裂的现象表现得尤为明显——它的来源是权威（尤其是父母）的影响。但我们也必须补充一点：理想自我和现实自我之间的差距，实则因人而异，在许多人那儿，自我的这种内部分化并不比儿童时期明显多少。

在把这些素材用于理解群体的力比多结构之前，我们还必须将对象和自我之间的另一些交互关系考察一番。[1]

1　我们很清楚，上述这些来自病理学的例子并不能完全解释认同现象，也没有触及群体结构的部分秘密。要实现这一点，必须借助更彻底、更全面的心理学研究。从认同作用出发，我们还要研究模仿和情感代入，只有理解这些机制，我们才能就另一种精神生活表明我们的态度。即便是认同作用的现有表现，也有许多有待进一步解释的地方。例如，一个人如果对某人产生认同，就不会对他表现出过强的攻击性，相反，他会美化他，对他施以援手。通过对这类认同现象和在此基础上建立的氏族体系的研究，罗伯特森·史密斯（Robertson Smith）在 1885 年出版的《血缘与婚姻》一书中，得出了惊人的结论：认同基于共同的实质，所以也可以因共同进餐产生。这一点，与我在《图腾与禁忌》中提到的人类家族史不谋而合。

爱与催眠

语言不愧为现实的一面镜子。所以，虽然有许多情感关系被称作“爱”，也在理论上被我们视作爱的一部分，但它们究竟是否最纯粹、最正确、最真实的爱，其实是有待商榷的。在语言中，对于爱这种现象也有各种程度不同的分级。要注意到这一点，对我们来说并非难事。

在许多例子中，爱无非就是性欲为了追求直接的性满足，选定一个对象的行为；随着目的的达成，爱也随之消失——这种爱被人们称作平庸的肉欲之爱。但众所周知，力比多的作用情形不至于那么简单。由于需求在满足之后又会再生，人也就有了持续占有性对象，在没有性欲的间歇期也“爱”他的动力。

在人类爱情生活十分特殊的发展历程中，还有另一个现象值得关注。通常，孩子在爱情生活的第一个阶段会把父母一方作为自己的第一个爱情对象，借此满足自己所有的性欲望。这一阶段一般持续到五岁结束。随即出现的压抑作用，使得孩子不得不放弃大多数婴儿时期的性目标，其与父母的关系也得到了全面的修正。孩子依然与父母存在联系，但他的欲望“目的受到节制”。从这一刻开始，他对所爱之人的情感，可被称为“柔情”。众所周知，早期的这种“肉欲之爱”，或多或少地被保留在了潜意识之中，最初的冲动，也以这种方式得到了完整的保留。

在进入青春期后，强烈的新冲动开始迸发，它们的目标直指性满足。在一些不利的情形中，这些追求肉欲的性冲动与持续存在的柔情甚至各自为政。随之而来的画面，是某一类文学作品所钟爱的典型素材。一个男子为一位高尚的女子神魂颠倒，却对她提不起“性致”；只有在那些不为他所“爱”，甚至是被他轻视和鄙夷的女人身上，他才能发挥性交能力。当然，更常见的情况是，伴随着青年男子的成长，非肉欲的、神圣的爱和肉欲的、世俗的爱也被结合在了一起，他与性对象的关系也是“不受节制的冲动”和“目的受节制的冲动”共同作用的结果。我们可以根据目的受节制的柔情冲动所占的比例，来衡量一个人身上非肉欲爱意的强烈程度。

在这种爱的作用下，我们从一开始就会表现出“性高估”，即让喜爱的对象在一定程度上免受苛责，并对他的所有特点给出一个超出常人，或是超出爱情尚未出现时期的评价。假如肉欲冲动在一定程度上被成功压抑或击退，那人们就会产生错觉，以为自己是由于对象的精神优点才对他产生肉欲之爱。实际上，这一过程恰恰相反，他先对对象产生肉欲之爱，才会赋予它那些优点。

在此处扰乱我们判断的努力，被称作理想化（Idealisierung）倾向。有了它的出现，我们也更容易找到头绪。我们发现，这其实是像对待自我一般对待对象，在爱中，很大一部分自恋的力比多都涌向了对象。在有些人的爱欲选择中，对象明显就是那个无法实现的理想自我的化身。他因完美而为人所爱，这种完美一般人求之而不得，只能借道他途，实现自恋的满足。

如果性高估和爱的程度继续增加，那这幅画面就愈加清晰。这时，追求直接性满足的冲动可以被完全压制下去，被恋爱冲昏了头脑的青少年就是再好不过的例子。自我越来越谦逊，越来越显得无欲无求，对象也变得越来越高大和尊贵。最终，对象占据了自我的全部自爱之情，这直接导致自我做出牺牲。也就是说，对象彻底吞并了自我。这类爱的例子会表现为谦卑、自恋受限和自残。在极端情况下，这些表现还会得到加强，并在肉欲诉求退居幕后之后独掌大权。

这种情况很容易出现在不幸的、无法被满足的爱身上，因为每一次性满足都会减弱性高估的威力。随着自我“投身”于对象的怀抱（这与一个人高尚地献身某个抽象概念无异），理想自我也彻底丧失了它的功能。它原本应该履行批评的义务，这时却彻底哑火；对象所做和所要求的一切，都变得名正言顺，无可指摘。一切为了取悦对象而发生的事情，都不受良心的掌控；在盲目的爱中，人很快就会变成罪犯，而且不知悔改。以上这一切，可以归纳为一句话：对象取代了理想自我的位置。

爱的极端形式被称作着迷或被爱奴役，它与认同作用的区别其实十分明显。在认同作用中，自我借对象的特征丰富自己，用费伦齐的话说，就是把对象投射到自我身上。而在爱的极端形式中，自我变得贫乏，它投身对象的怀抱，任由它取代自己最重要的一部分（理想自我）。然而，进一步研究表明，这样的表述看似找到了矛盾所在，其实只是扑了个空。一切其实无关丰富或贫乏。极端的爱，也可被说成是自我把自己投射在了对象身上。或许，另一种区分方式才直击事物本质。在认同作用中，对象已经迷失或被放弃了；随后，它在自我中得到了重建，自我以失去的对象作为榜样，发生了局部改变。在爱的极端形式中，对象在自我的帮助下被保留了下来，并被自我所占有。但疑问依然存在。我们是否已确信，认同作用的实现要以放弃对象占有为前提？人就不能对被保留下来的对象产生认同吗？还没开始讨论这个棘手的问题，我们就已注意到，另一个选择题才更接近事物的本质。这个问题就是：对象究竟取代了自我还是理想自我？

显然，爱离催眠不远。两者的共性显而易见。人在催眠术的实施者和深爱的对象面前，都会表现出臣服、顺从和批判力缺失的一面。这一切的代价是主动性的丧失，毫无疑问，催眠师已经取代了理想自我。在催眠的场景中，所有关系都更加清晰明朗。所以更好的做法是借催眠研究爱，而不是反过来。催眠师就是唯一的对象，再无旁人能引起注意。自我像做了个梦一样，接受催眠师的要求和主张。这提醒我们，在介绍理想自我时，我们忘记提到它执行现实检验的功能。[1] 如果负责现实检验的理想自我都为一种感受的真实性代言，那自我显然不会对它产生怀疑。此外，催眠中不存在不受节制的性目标，这有助于维护现象的纯洁性。在催眠关系中，爱可以不受节制地做出奉献，并将性满足排除在外；而在爱中，性满足只是暂时被击退，却依然在背后蠢蠢欲动。

另一方面，我们不妨认为催眠关系就是两个人的集体结构。催眠其实不适合被拿来与群体作比较，因为两者原本就是统一的。它在群体复杂的结构中，为我们提炼出了一大要素，即群体中个体与领袖的关系。由于人数的限制，催眠无法和群体作比较，正如它因为缺少直接性冲动而无法与爱作比较一样。从这一点看，它介于两者之间。

有趣的是，正是那些目的受节制的性冲动使得人与人之间产生了持久的联系。这很容易理解，因为这类冲动得不到完全满足，而不受节制的性冲动每次实现性目标，都会在很大程度上遭到削弱。肉欲的爱注定要在得到满足后减弱，要想经久不衰，它从一开始就必须掺入柔情成分，即目的受节制的冲动，或是彻底转换为后者。

1　但这一说法的合理性，其实还有待证实。

到目前为止，对催眠的理性解释，就是把它比作将直接性冲动排除在外的爱。要不是其中还有一些无法合理解释的现象，我们完全可以用它来解释群体的力比多结构。催眠这一现象，还有许多未解的谜团。它营造了一种强弱对比鲜明的氛围，从而额外获得了麻痹人的效果，其原理与对动物的恐吓性催眠不谋而合。另外，催眠生效的方式及其与睡眠的关系其实也并不明朗。有些人容易被催眠，另一些人并不吃这一套。这一对象的选择性，也说明在催眠现象中存在着一个未知的因素；或许正是因为它的存在，力比多结构才能表现出纯粹性。值得注意的是，被催眠者虽然在暗示的作用下表现得十分顺从，但他们的道德良知依然可能会做出抵抗。这或许是因为在一般的催眠中，人依然保留着一种认识，认为这只是一场游戏，是对另一个极其重要的场景的虚拟重构。

通过以上论述，我们已经做好了给出群体中力比多结构公式的准备。这个公式至少适用于我们所研究过的一类群体，它拥有一个领袖，也没有太过“组织化”，以至于获得了个体特征的群体。一个这样的原始群体，由许多个体组成。他们拥有同一个对象，并把它当成了理想自我；因此，他们在自我间实现了相互认同。这层关系可以通过下图反映出来：

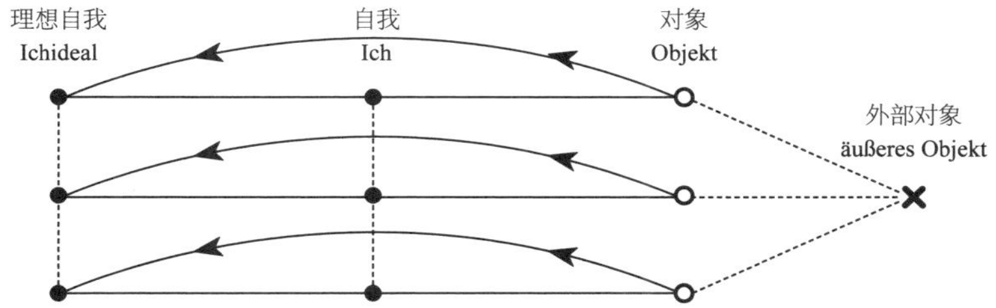

群居欲望

以为单凭这个公式就能解释群体秘密的人，恐怕高兴不了多久。我们不安地发现，矛盾只是被转移到了催眠的秘密身上，但其中还有许多没有解释清楚的内容。现在，另一个反对的声音为我们指明了方向。

我们当然可以说，群体中异常充沛的情感联系，完全可被用于解释它的一个特征，也即其中的个体缺少独立性和自主性，行事从众，趋于平庸。但如果把群体当作一个整体，它还有更多的特征，如智力水平下降、情绪不受控、缺乏自制和容忍、表达感受超越一切限度、肆意妄为等等。勒庞所总结的这些特征无可争议地表明，群体的心理活动退化到了一个早期阶段，它与野人和孩童的心理水准大致相当。这样的退化尤为适用那些普通的群体；正如我们此前所说的那样，在那些高度组织化的人为群体中，退化得到了抑制。

对于群体，我们有一个大致的印象：单独的情感冲动和个体的智力活动力量过于薄弱，无法独自存在，它们必须借助他人的不断重复才能站稳脚跟。我们曾读到，这种依赖现象是社会中再正常不过的组成部分，而社会中缺乏原创性，也无人敢挺身而出，每个人都被集体心理所控制，它的表现形式有种族霸权、阶级偏见、公众意见等。能对他人施加暗示性影响的不只是领袖，每一个人都可以对另一个人施加影响，这也使得依赖关系变得更为扑朔迷离。说到这儿，我们不禁要反省：此前我们过于强调个体与领袖之间的关系，而对相互暗示不够重视。

所以我们不妨虚心倾听另一种声音，它承诺以较为简单的形式给出解释。以下的论述引自特罗特尔关于群体欲望的著作。这本书不失为一本佳作，唯一令人遗憾的是，它似乎未能摆脱“一战”的影响，可能会让人感到不快。

特罗特尔把群体的心理现象归因于群居欲望（gregariousness）。无论对于人还是其他动物种类来说，这一欲望都是与生俱来的。从生物学角度来看，这种群聚效应与多细胞性类似，也是后者的延续。从力比多理论的意义上看，它代表了所有同类生物由力比多所引发的、集结成更大单位的倾向。独自存在的时候，个体会觉得自己不够完美（uncomplete）。小孩子的恐惧，就是群居欲望的表现之一。与群体分离，就是在与群体作对，所以，人们小心翼翼地避免这件事情的发生。但群体会排斥一切新的、陌生的事物。群居欲望最为原始，不可继续分解（which cannot be split up）。

特罗特尔列出了他心目中的基本欲望（本能）：自我保存欲、营养欲、性欲和群居欲。最后的群居欲往往会跟其他三个欲望形成对立。他认为，负罪感和责任感是合群生物（gregarious animal）的性格特征。另外，特罗特尔认为精神分析在自我身上发现的、起压抑作用的力量也来自这种群居欲望；同样，医生在精神分析治疗中所遇到的抵抗也来源于此。语言的意义在于它是群体相互理解的工具，个体间的认同作用在很大程度上有赖于它。

正如勒庞主要研究具有代表性的临时群体结构，麦克杜格尔专攻稳定的社会形式，特罗特尔重点关注最普通的、有人作为"政治动物"在其中生存的群体组织，并就此给出了心理学解释。在他看来，人们无须进一步推导群居欲望的来源，因为它最为原始、不可分解。虽然他也曾提到博里斯·西迪斯（Boris Sidis）认为群居欲望源自易受暗示性，但幸运的是，这一观点似乎并未对他造成太多影响，毕竟它遵循的只是一种常见的、不尽如人意的解释范式。在我看来，这句话或许得倒过来说：易受暗示性源自群居欲望才更为合理。

但相比反对其他人，我们也更有理由反对特罗特尔的叙述，因为他极少考虑领袖在群体中所扮演的角色，而我们仍倾向于认为，忽视领袖的作用就无法洞悉群体的本质。群居欲望理论中根本没有领袖的位置，他只是凑巧加入了群体之中，这样一来，也无法解释人们为何需要上帝，总之，群龙无首，绝不可取。另外，特罗特尔的叙述从心理学角度看也并非无懈可击。也就是说，我们至少可以主张，群居欲望可能不像自我保存欲或性欲那样最为原始、不可分解。

还原群居欲望的形成过程绝非易事。小孩子独处时的恐惧，被特罗特尔解释为群居欲望的表现，但其实它更适合用另一种方式解释。它最初针对的是母亲，后来则是另一些亲近之人，是欲求不满的表现，小孩子不知道该怎么办，只能把它转化为恐惧。独处小孩的恐惧，不会因为看到任意一个“群体成员”就得到缓解；相反，它往往是这类“陌生人”的到来所引起的。所以，在很长一段时间里，人们根本无法在孩子身上觉察到群居欲望或集体感。这类情绪最早可在多个孩子同居一室时产生，且与孩子和父母的关系密切相关。最初，年长的孩子会对年幼的孩子心存忌妒，他想方设法让后来者远离父母，并剥夺他的一切权利。直到他发现，这个孩子——及之后的所有弟妹——都被父母用同样的方式所喜爱，而自己又没法在对其保持敌意的同时不伤害自己，于是他不得不对其他孩子产生认同。于是，这群孩子中出现了集体感或共同感；后来，它又在学校中得到了进一步的发展。这一反向作用的第一大诉求就是平等，也即让所有人受到相同的对待。众所周知，这一点在学校里十分重要，也不可改变。一个人如果做不成最受宠爱的学生，就会希望无人受到额外关照。若不是近来在另一些关系中也发现了这类现象，可能还没有人会相信这一点，认同群体感可在儿童房和学校教室里让忌妒发生转变，甚至取而代之。我们不妨想想那些在一位男歌手或男钢琴家表演结束后一拥而上、被爱冲昏了头脑的女人和少女。她们显然彼此忌妒，但鉴于现场人数众多，爱欲的目标也没有实现的机会，她们干脆放弃了最初的念头，没有相互揪对方的头发，而是像一个统一的集体那样，以集体行动向那个被崇拜的人致敬。若是有机会瓜分他的毛发作为装饰，她们更会兴奋异常。她们本应是情敌，却因对同一个对象的爱，实现了相互认同。如果欲望像平常那样，有多个发泄渠道，那它肯定更青睐可能让它得到满足的渠道。假如现实状况不允许目标实现，那么即便其他渠道距离更近，也不会被选择。

不可否认的是，社会中随后出现的“集体精神”（esprit de corps），其根源在于原始的忌妒。没有人可以鹤立鸡群，大家都一样，贫富相等。所谓的社会平等，就是一个人得不到许多东西，所以其他人也必须放弃它们，或是不能就此提出要求。对平等的这一要求，正是社会良知和责任感的根源。出人意料的是，这一要求也体现在梅毒患者害怕把病传染给他人的心理活动中。借助精神分析，我们终于理解了这一现象。这群可怜人的恐惧，其实对应着他们潜意识中把疾病传染给他人的愿望。他们其实在想：为什么只有我们被感染、被隔离，而你们却没事呢？被传为佳话的所罗门判决，其实也是这个道理。[1]如果一个女人自己的孩子死了，就不希望别人的孩子活着。正是基于这种愿望，所罗门找出了败诉的一方。

所以，社会情感基于从敌对情绪到积极联系的反转，而后者的本质是认同作用。回顾迄今为止的研究，我们发现这种转变的产生，受到了一种共同柔情联系的影响，而这种联系的作用对象是群体之外的某个人。我们对于认同作用的分析当然还不够详尽，但就我们当前的目标而言，只要我们把注意力集中到对平等的不懈要求上就足够了。在分析教会和军队这两个人为群体时，我们说过它们的前提是所有人都以同样的方式为领袖所爱。但我们不应忘记，这种对平等的要求只适用于群体中的个体，而不是它的领袖。所有的个体都希望保持一致，却又希望被一个人所统领。所以得以延续的群体，一是有众多相互认同的平等个体，二是有一个凌驾其上的领袖。所以，我们斗胆改一下特罗特尔的名言（“人类是群居动物”），提出“人

---

1 译者注：这个故事出自《圣经·旧约》。两个女人争抢婴儿，请所罗门裁断。所罗门建议把孩子劈成两半，一人一半。一个女人表示宁可不要孩子也希望他健康，另一个女人则说：“这样也行，我得不到的，也不能便宜了她。”于是所罗门做出了明智的判决。

类是部族动物”，也即一个由部族首领所领导的部族的一员。

群体与原始部族

1912 年，我曾对查尔斯·达尔文（Charles Darwin）的猜想表示认同。他认为，人类社会的原始形式是由一个强势男子独裁统治的部族。我试图说明，这一原始部族的命运在人类的遗传史上留下了不可磨灭的印记。特别是图腾崇拜，它可被视作宗教、习俗和社会等级的前身，而它的诞生与残忍杀害部族首领和父系部族向兄弟团体的转变密不可分。与许多其他观点一样，这一切当然只是假说，是史前学家对原始时期谜团的一种解读，却被一位还算可爱的英国批评家戏称为“不过如此的故事（just so story）”。但我认为，如果这类假说能帮助我们理解一个新领域的来龙去脉，那它就应当获得尊重。

人类群体中也有这样一幅熟悉的画面：在一群平等的同志中间，出现了一个无比强大的个体。这与我们印象中的原始部族无异。正如我们一再描述的那样，群体心理表现为意识个性的消失、思想和情绪的同质化、情绪和潜意识心理活动占据主导地位及将刚刚萌生的意图立即付诸实现的倾向。这一切，都像退化到了原始的精神活动状态，也即原始部族的状态。[1]

所以，群体似乎就是原始部族的重生。正如原始人的特征在每个个体身上被保留下来一样，原始部族也可以在聚集的人群中获得重生。只要人们被群体结构习惯性控制，原始部族就可以在群体中得以存续。我们可以得出结论：群体心理是最古老的人类心理，我们忽视群体影响的残迹，进而单独将其区分开来的个体心理，其实是后来逐渐从古老的群体心理中部分脱离出来的。之后，我们还将尝试定义这一发展的出发点。

仔细想来，我们还发现这一结论还需要修正。个体心理必然和群体心理一样古老，因为它从一开始就可分为两类，一是群体中个体的心理，二是族长或部族首领或领袖的心理。个体虽然一如既往地依赖集体，原始部族中的族长却不受拘束。他的智力活动强大而独立，他的意志无须在他人身上寻找支撑。由此，我们可以推导出：他的自我和集体的力比多联系并不强烈，除了自己和那些为他的需求服务的人，他谁都不

1　我们之前提到过的人类一般特征，均特别适用于原始部族。个体的意志在其中尤为薄弱，他不敢有任何行动。除了集体的脉搏，再无其他脉搏跳动；只存在集体意志，不存在个人意志。一个观念如果没能在接受的过程中得到更好的传播，根本不可能转化成意志。观念的薄弱，可用共同情感联系过于强大去解释，但生活状况的一致性和私人财产的缺失，也导致个体的心理活动表现出同一性。正如我们从孩童和军人身上所观察到的那样，即便是排泄需求也表现出同一性。唯一的例外是性行为，因为在这方面，第三者的存在完全是多余的，甚至在极端情况下还会迫使个体完成漫长的等待。性需求（性器官满足）对群体性的反抗，我们稍后还会提及。

爱，他的自我，不会给对象多余的关注。

他就是人类历史开端的“超人（Übermensch）”——尽管尼采（F. Nietzsche）认为“超人”在未来才会出现。时至今日，群体中的个体依然需要靠假象自我蒙蔽，认为自己以平等的方式受领袖所爱。而领袖本人其实不爱任何旁人，他只需保持一个统治者的本性，绝对自恋，但又自信和自主。我们知道，爱会对自恋造成限制，同时我们也证明，正是这种限制作用，使它成了文化要素。

原始部族的族长[1]还没有被神化，他总有死去的一天。他去世后，必须有人替代他的位置；承担这一职责的，可能是他最年幼的子嗣；而在此前，他跟别人一样，也是群体的普通一员。所以，必然存在把群体心理转换为个体心理的可能渠道。在某种条件下，这一转换很容易发生，就像蜂群在有需要的时候，可以让一只幼蜂变成女王蜂而非工蜂。我们只能想到一种情况：来自族长的阻碍，使得其子嗣无法获得直接性冲动的满足；他强迫他们禁欲，并在受节制的性目标的作用下，对他本人并且在相互之间产生情感联系。也就是说，他把群体心理强加在了他

1　译者注：“Vater”在德语中，既有“父亲”，也有“家长、族长、创始人”的意思。弗洛伊德对集体和社会构成方式的观察，其实是他对个体和家庭构成方式观察的延伸。同样，下文中提到的“子嗣”“族员”等概念，其实在德文中也指小家庭中的“儿子”和“兄弟”。为行文简洁，以下不再逐一作注。

们身上。他的性忌妒和不宽容，最终成了群体心理的来源。[1]

继承者在上位后，终于可以获得性满足，于是也得以摆脱群体心理的束缚。当力比多得以固置在女性身上，当性冲动可以及时得到满足和发泄，目的受节制的性冲动也就失去了存在的意义，而自恋则得以取而代之，达到同等高度。在本文后记中，我们还将讨论爱与性格形成的这一关系。

除强制手段外，还有其他一些将人为群体凝聚在一起的要素。我们要特别强调它们与原始部族结构之间的关系，因为这一点对我们极具启发性。我们注意到，在军队和教会中，这一要素是领袖会给予所有个体平等之爱的假象。而这实际上是将原始部族关系理想化后的结果：实际上，所有的子嗣都无一例外地遭到了族长的迫害，并对他心存畏惧。这一转变是一切社会责任的基础，也是人类的第二种社会形式——图腾氏族（Der totemistische Clan）形成的前提。家庭之所以能成为一种稳定的自然群体形式，是因为群体的必要前提——族长（父亲）的平等之爱在其中的确存在。

但在把群体追溯回原始部族的过程中，我们还期待收获更多的发现。我们希望借此弄清群体结构中令人费劲、颇为神秘

---

1 我们或许也可以推测，那些被族长放逐的子嗣，实现了从相互认同到同性相爱的飞跃，从而获得了杀死族长的自由。

的一面。到目前为止，它一直藏在“催眠”和“暗示”这两个谜团中。在我看来，这一目标的确可以实现。我们还记得，催眠也有阴森恐怖的一面。而“阴森恐怖”则指向受到压抑的古老、熟悉的东西。让我们来回顾一下催眠实施的过程。催眠师自称拥有神秘的力量，可以使被催眠者失去意志，或是让他对他深信不疑——两者其实是一回事。这种神秘的力量（俗称“动物催眠术”），正是原始人心目中禁忌的来源，也是国王和首领身上所散发的、使人不敢向其靠近的力量（超自然力）。催眠师声称自己具备这种力量。那他是怎么兑现诺言的呢？他要求别人注视他的眼睛。典型的催眠，都是以目光对视的形式完成的。对原始人来说，首领的目光恰恰是最危险、最难以忍受的，正如凡人不敢正视神明一样。摩西必须在他的族人和耶和华之间充当中间人的角色，因为民众无法忍受耶和华的目光。当摩西见过神祇回来后，他面露光芒，正如原始族群的中间人那样，一部分超能力已经转移到了他身上。

然而，催眠也有其他方式，如紧盯发光物体或聆听单调的声响。这些都很容易引起误会，或是给不可取的生理学研究可乘之机。事实上，这些方法都只能起到转移和固定意识注意力的作用。这种情况，就像是催眠师在对被催眠者说：现在，您只需要关注我，除此之外的世界都与您无关。当然，从技术角度来看，催眠师说这样的话其实并不合适。这会刺激被催眠者脱离潜意识状态，产生有意识的反抗。催眠师应避免让自己的真实目的引起被催眠者意识思考的关注，使其进入一种对世间万物均不感兴趣的状态，但要让他们在潜意识中把注意力集中到自己身上，让他们与催眠师建立心灵感应。这种间接的催眠手法近似于有些笑话的策略，它成功地阻止了会扰乱潜意识过程的心理能量分布，从而产生了与凝视或抚摩等直接影响手段相同的效果。[1]

费伦齐曾不无道理地指出，催眠师在催眠开始时发布睡眠指令，其实是取代了父母的角色。他把催眠分为两类：一类靠哄骗和劝慰，这是在把母亲当作榜样；另一类靠威胁，这是父亲的方法。所以，催眠中的睡眠指令其实无非就是叫人对外界不管不问，把注意力完全集中到催眠师身上。被催眠者也认为，对外界不闻不问正是睡眠的心理特征，这也是导致睡眠和催眠状态十分相近的根本原因。

催眠师借助种种手段，在被催眠者身上唤醒了世代相传的远古记忆。它与父母有关，尤其是对父亲的记忆，更是在他身

1　一个人在潜意识中关注催眠师，而在意识之中却对一切不闻不问、漠不关心——这样的情况在精神分析治疗中也曾出现，这里有必要将它介绍一番。在每一次分析中，病人都会反复强调自己脑子一片空白。他的自由联想停滞不前，寻常的推进方法也都以失败告终。经过一再追问，患者终于承认自己在想治疗室窗外的景色和眼前的那片树林，或是从天花板上垂下的煤气灯。我们当即明白，它其实已经和治疗师起了心灵感应，在潜意识中把自己代入到了治疗师的视角之中。在给患者说明一切之后，他的自由联想当即得以继续。

上彻底复活。父亲是一个强大又危险的人物，在他面前，人们只能虚与委蛇，逆来顺受，毫无个人意志可言。与父亲独处，与他“四目相对”，更是相当冒险的行为。唯有如此，我们才能依稀理解个体与原始族群族长的关系。从其他一些反应中，我们知道个体虽因人而异，却都有再现这些旧场景的能力。但在催眠中，被催眠者可能认为催眠不过是一场游戏，是对旧印象自欺欺人的翻新。这种想法，可能对催眠的严肃后果做出反抗，阻止意志的消失。

所以，群体结构中阴森恐怖、具有强迫性的一面，虽表现为暗示现象，实则可以追溯到原始族群时期。群体的领袖依然还是那个令人生畏的原始部族族长，群体也依然希望受到无上力量的统领，它们在很大程度上向往权威，用勒庞的话来说就是渴望被征服。原始部族族长代表了理想集体，它站在理想自我的位置上，统治自我。催眠完全就可被视作一种二人群体。这样一来，暗示的定义也就只剩下一种：它是不基于感受和思考，反倒基于情欲联系的信念。[1]

1　有必要强调一下，通过这一章节的论述，我们实际上已经从伯恩海姆的催眠理论回归到了更早、更纯朴的催眠理论。伯恩海姆认为所有催眠现象都源自暗示，却不能对暗示做进一步解释。据我们推断，暗示只是催眠状态的部分现象，而催眠的根源在于潜意识中所保留的原始人类家庭史片段。

自我的一个阶段

众多学者对群体心理学的论述多互为补充。而面对当今个体五花八门的生活状态，很少有人能鼓起勇气，做一番总结性陈述。每个个体都属于多个群体，他在多个方面与人产生认同，也根据各式各样的榜样树立了理想自我。其种族、阶级、信仰团体和国家的群体心理，都在他身上有所体现。除此之外，他可能还稍有一些具备独立性和原创性的心理活动。这些稳定、持久的群体结构，给观察者留下的印象，其实并不比那些迅速形成又迅速消亡的群体深刻。勒庞正是根据对后者的观察，清晰地描绘出了群体的心理特征。在这一躁动、短命而又仿佛凌驾于他者之上的群体中，我们也看到了方才所承认的个体成就悄然消失的奇迹——虽然这个过程十分短暂。

我们这样理解这一奇迹：个体放弃了理想自我，转投以领袖为象征的理想群体。还有必要补充一句，这一奇迹并非在所有人身上都一成不变。在许多人身上，自我和理想自我并未分隔太远，它们很容易重新结合，自我依然保留着从前自恋和自负的一面。这样一来，推选领袖就会变得容易许多。这个人只需把个体的典型特征表现得尤为明显和纯粹，给人留下一种强人一等且在力比多上更为自由的印象，就能迎合众人对强势领袖的需求，得以独掌大权，获得这个他本来得不到的职位。

于是，那些原本不会把他当成理想自我的人，也突然像受到了暗示一般，对他产生了认同。

所以我们对解释群体力比多结构的贡献，一是指出自我和理想自我的差别，二是发现了由此产生的双重联系——认同作用和把对象当成理想自我的行为。自我分析的第一步，就是假定自我的发展过程中存在这一（自我和理想自我分离的）阶段；这一假设的正确性，也逐渐得到了各个心理学研究领域的证实。

在《自恋导论》一书中，我整理了能够支持这一区分方式的一些病理学材料。但我们有理由相信，随着我们对神经症心理机制的不断深入，它还会体现出更大的意义。我们不妨想象一下：现在，自我把从自己身上分离出去的“理想自我”当成了对象，我们从神经症学那儿所了解到的外部对象和整体自我的交互作用，也将在自我内部重新上演。

在此，我只想详细陈述一种可能的推论，并用它去论述一个我在其他场合未能解决的问题。我们所认识到的每一重心理差异，都会对心理功能造成阻碍，增加它的不稳定性，这或许就是功能失效、罹患疾病的开始。所以我们从一出生，就经历了从绝对自我满足的自恋、感知变化的外部世界直至开始寻找对象的转变。还有一件事也与此相关：我们无法一直承受这一新状态，所以会定期倒退，在睡眠中回归没有刺激、没有外部对象的早期状态。实际上，我们还是在遵从外部世界的暗示，借助日夜的周期变化摆脱作用在我们身上的大部分刺激。第二个例子或许对病理学更具意义，却不受类似的限制。随着研究的深入，我们把心理存在分为两部分，一是内在的自我，二是独立于内在自我之外、被排挤到潜意识之中的自我。

我们知道，这一新形成的体系也会持续受到冲击。在梦和神经症中，被自我拒之门外的那部分内容，不断叩响抗拒所把守的大门。而在清醒和健康的时候，我们有特殊的干预手段，好让这些被压抑的事物绕开抗拒，短暂地进入自我，并给人带来快感。笑话和幽默，乃至一些带来滑稽效果的事物，都起到了这种作用。在神经症心理学中也能找出一些类似的例子，只是它们的影响范围较小，所以我在此略过不谈，直接说这一认识的应用。

我们不难想象，自我和理想自我也不能一直忍受分离，它们偶尔还会聚到一起。自我既然面临种种要求和限制，就必须有间歇打破戒律的权力；就像节日，它起源于法律所允许的放纵，也因此才有了欢快的氛围。罗马人的农神节和我们今天的狂欢节，在本质上都与原始人的节日无异，人们在这段时间里可以纵情作乐，打破平日里最神圣的戒律。由于理想自我包含自我应该顺从的一切限制，它一旦撤离，对于自我而言无疑是一个盛大的节日。这样一来，它又可以自觉满意了。[1]

当自我中有东西和理想自我相契合时，人们会感到喜悦；反之，负罪感（或自卑感）则是自我和理想自我关系紧张的表现。

我们都知道，有一些人的基础情绪会产生周期性波动，他们先是意志无比消沉，继而达到某一中间阶段，进而情绪无比高涨，且这种情绪波动振幅极大，可谓从一个极端到另一个极端。无论是表现出忧郁症还是躁狂症，都会给患者的生活带去极大的困扰。在如此循环往复的典型例子中，外部诱因并没有起到决定性作用，而在患者身上也找不到相应的动机，或是他们的动机与他人并无不同。所以有人断定，这些情况不属于神经性疾病。另外一些情绪反复的例子虽然与这类案例十分相近，但很容易在心理创伤上找到原因，这类情况我们稍后再谈。

对于眼前的这类情绪波动，我们尚不清楚其原因。躁狂症取代忧郁症的机制原理，我们也尚不知晓。所以，我们的猜测或许正好适用于这类情况：这些患者的理想自我，之前可能对自我要求格外严厉，后来又暂时融入了自我之中。

1　特罗特尔认为压抑作用始于群体欲望。我在《自恋导论》中写道：“从自我的角度看，理想的形成是压抑产生的条件。”这其实只是把特罗特尔的话换了一种说法，两者并不矛盾。

为了避免误会，我们首先要申明一点：按照我们对自我的分析，在表现出躁狂时，一个人的自我和理想自我合二为一，所以他处于一种自我批判缺失的情绪之中，伴随着障碍、顾虑和自我责罚的消失表现出喜悦和自满。另一方面的现象虽然未经证实，但也具有很大的可能性：忧郁症患者的痛苦，正是自我和理想自我势不两立的表现——过于敏感的理想自我，把它对自我的批判，以自卑和妄自菲薄的形式不加掩饰地表露出来。所以问题仅仅在于，自我和理想自我关系变化的原因，究竟是上文所假定的对新管理者（理想自我）的周期性反抗，还是另有隐情。

忧郁症所导致的意志消沉，并非必然转变为躁狂症。有些简单的、仅发作一次乃至周期性发作的忧郁症，并不会经历这种变化。另一些忧郁症的诱因显然就是其病因，这多是失去心爱对象的情况，这可能是因为对象死亡，也可能是在某些状况下，力比多不得不从对象身上被撤回。这样的忧郁症也与自发的忧郁症一样，可能会转化成躁狂症，并反复在两者之间切换。所以，情况其实尚不明朗，何况我们目前仅对少数忧郁症形式和案例进行过精神分析研究。到目前为止，我们只能理解一类对象因为不值得继续被爱，从而被自我所抛弃的情况。随后，它又在认同作用的帮助下，在自我中重新出现，从而被理想自我严厉惩罚。对该对象的指责和攻击，都表现为忧郁症中的自我责罚。[1]

即便是这类忧郁症，也可能会转变成躁狂症。可见这一转变与忧郁症的其他表现无关。

但我依旧认为，无论对神经性忧郁症还是自发性忧郁症，自我对理想自我的周期性反抗都是一个必须被考虑在内的要素。在自发性忧郁症中，我们可以认为，理想自我表现得尤为严厉，这必然导致它会被暂时屏蔽。在神经性忧郁症中，当自我对一个被抛弃的对象产生认同时，它会认为自己受到了理想自我的虐待，从而做出反抗。

后记

我们的研究总算暂时告一段落。在这一过程中，我们不断遇到一些新的分支问题。我们把它们暂时搁在一边，但它们其实能促进我们的理解。现在，我们就回过头来，谈谈那些此前被我们束之高阁的问题。

a）我们开始时研究过军队和基督教会这两大人为群体。自

1　更确切地说，它们隐藏在对自我的责罚背后，赋予了它顽固性和坚定性。这也是忧郁症患者自我责罚的主要特征。

我认同和用对象替代理想自我之间的差别，从它们身上可以得到很有趣的论述。

显然，士兵会把他的上级，也即军队将领视作理想自我，而他本人则与自己的战友产生了认同作用。战友间相互扶持，共享物资，也是因为这一自我共性的存在。但如果一个士兵对统帅产生了认同，那就未免有些可笑了。所以，《华伦斯坦》的猎骑兵，才会这样嘲笑那个军曹：

> 他咳嗽和吐痰的样子，
> 你们模仿得惟妙惟肖！……[1]

而教会中的情况则不太一样。每个基督徒都爱基督，把它当成理想对象，并以相互认同的方式与其他基督徒团结在一起。但教会还有更多的要求。每个基督徒都要对基督产生认同，像基督那样爱其他基督徒。教会要求在两个方面对群体结构中现有的力比多关系进行补充。有对象选择的地方，要有认同作用；有认同作用的地方，也要有对象之爱。这一附加要求显然超过了群体的基础形式。一个好的基督徒，却不一定愿意

1　译者注：这一例子出自席勒（Friedrich Schiller）的名剧《华伦斯坦》三部曲中的第一部《华伦斯坦的军营》，剧中的“他”指华伦斯坦。后两句是：“可他的灵气，也就是他的精神，你们这些哨兵又能学到多少！”

以基督的姿态，对众人施以普世之爱。身为弱小的人类，我们无须像救世主那样拥有伟大的灵魂和强烈的爱。但或许正是这一群体中力比多分布方式的改进，使得基督教自以为达到了更高道德水准。

b）我们说过，从群体心理到个体心理的进化，可能在某个节点（也在个体身上）发生。我们完全有可能在人类的精神发展史中找到这一位置。[1]

为此，我们必须简要回顾那个关于原始部族族长的科学神话。后来，他被尊奉为世界的创始者，这样做不无道理，因为组成群体的第一批人都是他的子嗣。他是每个人的理想对象，既被人畏惧，又受人尊敬，这也是“禁忌”这一概念的由来。后来，整个族群联合起来杀死了他，把他碎尸万段。在这一群胜利者中，没有人能够登上族长的位置，或者说一旦有人那么做，就会引发新的战争。于是众人终于明白，他们必须放弃对族长位置的继承权。最后，他们组建了一个图腾制的兄弟团体，所有成员一律平等，并受到图腾戒律的约束。而这些戒律，则是对当初杀人行径的纪念和救赎。但对这一状况的不满，也促成了新的发展。那些兄弟团体的成员，渐渐开始以新的方式恢复古老的秩序，男性重新执掌家庭，群龙无首时期占

1　下文的论述受到了奥托·朗克（Otto Rank）的影响。

据主导地位的母权统治日渐式微。作为补偿，男人们同意承认女性神祇；作为对她们的保护，这些神祇的祭祀都遭到阉割，就像从前原始部族的族长的所作所为那样。但这种新的家庭形式依然活在旧家庭形式的影子中，许多家庭都有父亲，他们的权力互相限制。

当时，由于求胜心切，某个个体可能会脱离群体，扮演起父亲的角色。第一个完成此事的是最早的叙事诗人，进步在他的想象中得以实现。他根据自己的内心所向，用谎言掩盖了事实。他创造了英雄神话。所谓英雄，其实就是独自打倒父亲的人，只不过后者在神话中仍然只能以图腾怪物的形象出现。正如男孩把父亲当成自己的第一个理想对象，诗人也把自己笔下取代父位的英雄当成自己的第一个理想自我。与英雄联系最紧密的可能是家中的幼子，母亲把他视作宠儿，保护他免遭父亲的忌妒。在原始部族时代，他就是父亲的继承者。原始时代的诗作大多经过虚构和改编。在这些故事中，从前作为战利品、诱使人谋杀族长的女人，或许就成了罪行的诱导者和唆使者。

英雄声称自己独立完成了纠集整个部族才敢去做的事情。但根据朗克的评论，这一被否认的事实，在童话中依然能够找到明显的痕迹。童话中常见的情况是：需要完成艰巨任务的英雄，通常是最年幼的儿子，而且往往在父亲的替身面前表现得有些愚笨，也即毫不显山露水。恰恰是这个人，竟然在一群小动物（蜜蜂、蚂蚁）的帮助下完成了使命。这些小动物其实就是原始部族中的兄弟，正如昆虫和害虫在梦中象征兄弟姐妹一样（这是因为一个人内心中往往贬低自己的兄弟姐妹，所以要把他们变成小动物）。另外我们很容易发现，神话和童话中的每一项任务，都是英雄壮举的替代。

所以，神话是个体摆脱群体心理的第一步。最早的神话肯定是关于英雄的心理神话，解释自然现象的自然神话，出现的时间要晚得多。朗克还评论道，那些迈出这一步，并借此在想象中脱离群体的诗人，在现实中却能找到回归群体的路。他只需回到群体中，向众人讲述他所塑造的那位英雄的壮举。这位英雄，本质上不是别人，就是他自己。就这样，他在降回现实之中的同时，把听众们捧上了幻想之巅。听众们却能理解诗人，他们渴望与原始部族族长重建联系，所以也能对英雄产生认同。

英雄神话的谎言，以将英雄神圣化的方式达到了顶峰。它的出现可能还早于男性神祇（有人认为原始部族族长以神的形象回归人世，于是才有了男性神祇）。所以，神祇出现的顺序是：女性神祇—英雄—男性神祇。但正是因为人们把那位从未被忘记的族长视若神明，神祇们才有了我们今天所熟悉的那些特征。[1]

c）在这篇文章中，我们花了很大篇幅，介绍直接性冲动和目的受到节制的性冲动。我们希望，这一区分方式不会招致太多的反对之声。现在再来做进一步分析，也是未尝不可，虽然大部分内容其实早已在之前说过。

孩童的力比多发展，是了解目的受抑制的性冲动最早，也是最好的例子。孩童对其父母和照顾者的一切感受，都毫无保留地体现在反映性冲动的愿望之中。孩童要求他所爱的人给予他一切柔情，要求亲吻、触摸、注视他们，想要窥视他们的性器官，甚至在解手这种私密场合也要求在场。男孩许诺娶母亲或保姆为妻（且不管他对婚姻究竟有何设想），女孩则想要给父亲生个孩子。对童年残迹的直接观察和后续分析，都证明了柔情、忌妒和性目的之间存在交集；同时它也表明，孩童彻底地将喜爱的人当成了他那尚未真正实现中心化的性追求的作用对象。

这一孩童最初的爱情结构，其典型表现就是俄狄浦斯情结。众所周知，这一结构从潜伏期开始就遭到压抑作用的排挤。最后得以保留下来的部分，表现为纯粹的柔情；它虽然作用于同一批对象，但与“性”已经彻底无关。洞悉心灵深处的

1　这段表述较为简练，所以我也不想再援引传说、神话、童话和民俗史来佐证我的观点。

精神分析，很容易就证明了一点：童年之初的性联系依然存在，只不过被排挤到了潜意识之中。它给了我们这样说的勇气：我们无论在哪儿见到这类柔情，它都可被视作对“情欲”对象联系的延续，而这一联系的作用对象是同一个人或它的榜样（偶像）。当然，如果没有专门研究，它没法告诉我们这一从前完整的性冲动在特定情况下是否受到压抑，或是早已被消耗完毕。更确切地说：毫无疑问，这种形式和可能性依然存在，它随时都可以经由退化作用被重新激活，难以肯定的是它目前的作用范围和真实情况。在这个问题上，我们必须避免犯两大错误：一是小觑了被压抑的潜意识，二是一直用致病程度去衡量正常的事物。我们夹在两者之间，实则进退维谷。

对不想看透也无法看透潜意识的心理学而言，即便柔情源自性追求，它的最终诉求必然与性无关。[1]

我们可以认为，柔情被从性目标上引开了，虽然在符合心理玄学要求的前提下，要准确描述这一转移过程还有些困难。另外，这些欲望虽然目的受节制，但依然保留了部分原始的性目标。即便是亲人、朋友和仰慕者，也会想要靠近被爱的人，

1　憎恶情绪显然要更复杂一些。

与他对视——虽然这种爱更多的是保罗所说的那种爱[1]。如果我们愿意那样想，不妨把目标的转移视作对性冲动升华作用的开始。当然，我们也可以把升华作用的界限划得更远一些。目标受节制的性冲动，相比那些不受节制的性冲动，占据了更大的功能优势。它由于不可能彻底获得满足，所以就能不间断地创造情感联系；而直接的性冲动在得到满足后，总要偃旗息鼓一段时间，直到力比多重新积聚——在这一过程中，对象可能已经发生了改变。目的受节制的性冲动，还可以以任意比例与目的不受节制的性冲动汇合在一起，甚至原路返回，重新变回后者。众所周知，一些建立在友谊、认可和崇拜之上的情感联系，很容易发展为性愿望（比如莫里哀的那句经典台词：为了希腊人的爱，快亲吻我吧！）。这种关系很容易出现在大师和学生、艺术家和着迷的听众身上，尤其是在女性人群中。没错，这类情感联系虽然起初并无此心，却往往以带有性意味的对象选择告终。在《京岑多夫的虔诚》一文中，普菲斯特给出了一个再清晰不过的例子——而且这肯定不是孤例：强烈的宗教联系也可能退化为热切的性冲动。但反过来说，直接、短暂的性冲动转换成持续存在的柔情的情况，则要常见得多。那种始于

1　译者注：圣人保罗把爱视作高尚的事物。他曾说："爱是恒久忍耐，又有恩慈；爱是不嫉妒，爱是不自夸，不张狂，不做害羞的诗，不求自己的益处，不轻易发怒，不计算人的恶，不喜欢不义，只喜欢真理 ......"（和合本《圣经·哥林多前书》）

恋爱激情的婚姻若想稳固，在很大程度上要依赖这一过程。

所以，假如我们听到这样的结论，自然也不会感到奇怪：当性目标受到内部或外部因素的阻碍时，目标受节制的性冲动就从直接性冲动中分离了出来。潜伏期的压抑作用，就是一种这样的内部阻碍——或者更准确地说，是被内在化了的阻碍。我们猜测，原始部族的族长在性这一方面缺乏容忍度，他强迫所有子嗣禁欲，从而迫使他们产生了目的受节制的情感联系，而他自己却得以自由享受性的快乐，从而不与大众联系在一起。作为群体基础的情感联系，全部都是目的受节制的冲动。不知不觉中，我们已经谈到了一个全新的话题，也即直接性冲动与群体结构的关系。

d）在上两段评论中，我们已经意识到，直接性冲动是对群体构成不利的因素。虽然在人类家庭发展史上，的确有集体性联系出现（群婚），但性爱对自我越重要，越是让人沉溺其中，就越倾向于把这一过程限制在两个人之间，也即“一男配一女”[1]，这是生殖器的本质所决定的。多配偶的倾向，只能通过交换对象来得到满足。

两个为了性满足相聚在一起的人，以离群索居的方式，对抗集体冲动和群体情感。他们越是相爱，就越会彻底满足彼

1　译者注：原文为西班牙语。

此。对群体影响的抗拒，表现为羞耻感。他们唤起自身最为强烈的忌妒情绪，好让性对象选择不受群体结构的损害。只有当爱的关系中涉及柔情和私人的部分彻底被情欲所征服时，才会出现一对情侣在其他人面前性交或是多人同时群交的狂欢场面。但这样一来，人难免会退化到性关系的早期状态，那时候爱情尚不起作用，所有的性对象都被一视同仁，正如不怀好意的萧伯纳（Bernard Shaw）曾经说过的那样：爱情就是过分夸大一个女人与另一个女人之间的差别。

种种迹象表明，爱情直到很晚之后，才得以插足男女之间的性关系，所以性爱和集体结构之间的对立也是后来才出现的。乍一看，这一假设似乎与我们关于原始家庭的神话相矛盾。原始部族中的兄弟们因为对母亲和姐妹的爱，才谋杀了族长（父亲）。这种爱，很难不被人当成一种持续的、原始的爱，也即柔情和肉欲的结合。但仔细想来，这种反对意见其实恰恰证实了我们的观点。弑父行为的后果之一，就是以图腾为信物的异族通婚制度，也即禁止男子与从儿时起便与其产生柔情之爱的女性家庭成员发生性关系。于是，男性的柔情冲动和肉欲冲动被人为地分隔开来。时至今日，它依然被保留在男性爱情生活中。根据异族通婚制度的要求，男性必须在异族的、与他没有亲戚关系的女子身上获得肉欲需求的满足。

在以教会和军队为代表的大型人为群体中，人们无暇把女性作为性对象考虑。男女之间的爱情关系只存在于这些组织之外。即便是在男女混合而成的群体中，性别差异也起不到任何作用。所以，追问联系群体的究竟是同性力比多还是异性力比多，其实毫无意义，因为力比多不根据性别划分，也与各生殖器官的最终目标毫无瓜葛。

虽然群体中的个体往往心向集体，但直接性冲动依然在他们身上有所体现。如果它过于强烈，将会使所有集体结构土崩瓦解。天主教会教诲信众奉行不婚主义，要求教士禁欲，但在爱的作用下，经常有神职人员脱离教会。对女性的爱，也以同样的方式突破了种族、国籍和社会阶层所组成的群体结构，从而达成了重要的文化成就。有一件事似乎可以肯定：即便以不受限制的性冲动的形式出现，同性之爱也更适合于把群体联系在一起；要说明这一奇特的现象，我们恐怕会离题太远。

对神经症的精神分析研究表明，症状源自受压抑却依然保持活跃的直接性冲动。如果再表述得完整一些，诱发症状的原因还有目的受节制的性冲动，它没有被成功抑制，反倒回归了被压抑的性目标。与此相对应的是，神经症有反社会特征，它会让患者脱离一般的群体结构。我们可以说，神经症用与爱近似的方式，起到了瓦解群体的作用。如果集体结构得到强有力的巩固，那么神经症也会消失，或至少暂时退缩下去。有人把神经症和群体结构之间的对立用于心理治疗，其实不无道理。宗教的幻想正日渐从当今的文化世界中消失。即便那些并不对此感到遗憾的人，也不得不承认一点：只要这种幻想存在，就能为信众提供最强有力的保护，使他们免于患上神经症。我们也不难发现，所有的神秘宗教团体及哲学密教团体，都是治疗各类神经症的一剂偏方。这一切都与直接性冲动和目的受节制的性冲动之间的对立有关。

当一个神经症患者远离群体、孤立无援时，他不得不用症状结构去代替群体结构。他创造了自己的幻想世界，自己的宗教，自己的妄想体系，从而以扭曲的方式重复了人类的整套制度。这也证明了直接性冲动的强大力量。

e）最后，我们再从力比多理论出发，将我们所研究的这些内容（爱、催眠、群体结构和神经症）做一番比较。

爱的前提是直接性冲动和目的受节制的性冲动同时存在。在这个过程中，对象把一部分自我力比多吸引到了自己身上。爱只能容纳自我和对象。

催眠和爱一样，仅限于两人之间，但它完全基于目的受节制的性冲动，并把对象摆上了理想自我的位置。

群体复制了这一过程，它在冲动来源和用对象替代理想自我这两方面与催眠保持一致。但它还多了一个要素，也即个体间的认同。认同的依据，可能是与对象的相同联系。

催眠和群体结构，是人类力比多的种系起源史中所遗留下来的东西。催眠是素因，群体是直接的残余部分。目的受节制的性冲动取代直接性冲动，也促进了自我和理想自我的分离。在爱的状态中，这一转变就已经开始了。

在这一序列中，神经症表现得尤为显眼。它也基于人类力比多发展的特性，基于直接性功能受潜伏期阻断的两个发展阶段。就这方面来说，它与催眠和群体结构一样，具有退化的特征，而这一点是爱所不具备的。它往往发生在直接性冲动受阻，未能转化为目的受节制的性冲动的情况之下，也是矛盾冲突的结果。冲突的一方是被自我所接纳，完成了这一发展过程的冲动；另一方则是同一股冲动中被部分挤入潜意识中，与其他完全被压抑的冲动一样追求直接性满足的部分。它的内容十分丰富，因为它涵盖了自我和对象之间的所有关系，其中既有对象得到保留的情况，也有对象被放弃或是在自我中独立存在的情况，还有自我和理想自我的冲突关系。

自我与本我

“

自我在功能上的重要性，表现在它通常掌控着一个人的能动性。所以它和本我的关系，就像一个旨在驯服马匹的骑手，而马匹的力量其实远大于骑手。唯一的区别在于，骑手用自己的力量去尝试控制马匹，而自我则要使用借来的力量。

”

以下论述涉及的思考过程，始于1920年的《超越唯乐原则》一文。正如我在该文中所说的那样，当时我满怀好奇地进行了思考。

本文正是这番思考的延续，它引入了一些精神分析所观察到的事实，并希望由此推导出新的结论。但它不再借助生物学展开论述，所以相比《超越唯乐原则》一文，更接近纯粹的精神分析。它更像是在综合各种观点，而不是猜测。所以，它隐约有着更为远大的目标。但我也知道，它依然停留在粗略的阶段。我对它的局限性了然于胸。

此外，本文涉及一些尚未成为精神分析研究对象的事物，也不可避免地会提及一些非精神分析学者或一些从前的精神分析学者在退出这门学科时所提及的一些理论。在其他地方，我一向乐于承认跟其他一些研究者的联系，但这一次，我觉得自己没必要向任何人致谢。如果精神分析迄今为止尚未对某些东西做出评价，那不是因为它忽视了后者的成就，或是想要否认后者的意义，而是因为精神分析所遵循的这条道路，尚未延伸太远。即便有一天精神分析真的发展到了那个境界，它对事物的理解也会与他人不同。

意识和潜意识

这一章旨在引入话题，其中所介绍的内容，难免只是老生常谈。

区分“意识”和“潜意识”，是精神分析的基本前提。它使得精神分析得以理解精神生活中既常见又重要的病理过程，并找到它们在科学体系中的位置。换言之，精神分析不能把心理的本质安放在意识之中，而必须把意识视作一种心理的品质。这种品质可能与其他品质共处，也可能独善其身。

假如所有对心理学感兴趣的人都会阅读本文，那我就必须做好应对一个现象准备：一部分读者看到这儿，就会停止阅读，不再追随我的脚步，因为这儿出现了精神分析的第一个标志性思想。大多数受过哲学训练的人，都不能接受还有意识之外的心理活动存在。他们认为这是荒唐的，仅仅用逻辑就能将它驳倒。我相信，这是因为他们从未研究过催眠和梦，更别提病理现象了。一旦研究过这些现象，就不得不相信我的观点。但反过来说，他们的意识心理学也无法解释梦和催眠的问题。

最初，“意识到某事”是一个纯描述性的术语，它基于最直接和最确定的感受。但经验表明，一个心理元素，如一种认识，通常不能一直被人们所意识到。更常见的情况是，“意识”状态很快消失。现在还能被意识到的认识，在下一刻突然消失了。只不过，在某些很容易创造的条件下，这种意识又会重新回归。

在这个过程中，我们不知道它变成了什么，我们可以说，它潜藏了下去，也就是说它随时可以重新进入意识之中。假如我们说，这种认识曾经是“无意识”的，那也是正确的表述。这儿的“无意识”，正与“潜藏的、能够进入意识之中”这些概念相关。虽然那些哲学家肯定会指责我们说：不对！“不被意识到”这个术语不适用于此。只要一种认识还处于潜藏状态，那它根本就不属于心理范畴。这样一来，我们只会陷入无味的术语之争，而不是取得任何收获。

但我们是从另一条道路，也即通过对经验的加工推导出了“潜意识”这一术语或概念。在这些经验形成的过程中，精神动力学扮演了重要角色。我们发现，或者说我们不得不这样推测：存在着非常强大的精神过程或认识——在这儿，我们首先从数量或经济方面去衡量这一问题，它跟其他认识一样，可以在精神生活中引发一切后果。这些后果甚至可以作为认识出现在意识之中，可它们自己却不在意识之中出现。

在此，我们没必要详细介绍已经重复多遍的内容，仅需指出一点：精神分析理论恰是从这个地方切入，它断言这些认识没法被意识到，因为存在着一种与它相对抗的力量。假如没有后者的存在，那它就能进入意识之中，这样一来，我们就会发现它其实跟我们所熟悉的其他心理元素并无太大差别。由于精神分析技术找到了消除这种对抗力量的方法，使得遭其抵制的认识进入意识之中,这一理论也就具备了不容置疑的正确性。这种认识进入意识之前的状态，被我们称作“压抑状态”。造成这种状态并使它得以持续的力量，我们在分析工作中称它为“阻力”。

所以，我们的潜意识概念源自压抑理论。对于我们而言，被压抑的事物就是潜意识的样板。但我们也注意到，存在着两种类型的潜意识：一种是潜藏的，可以进入意识的；一种是被压抑的，实际上不可能进入潜意识的。我们对心理动力学的了解，也不可避免地影响了术语和描述。我们把那些仅仅在描述性意义上，而不是动力学意义上无法被意识到的潜藏事物，称作是“前意识”的；而“潜意识”一词，则专门用来形容那些动力学意义上被压抑在潜意识中的事物。于是，我们现在有了三个术语：意识、前意识和潜意识。它们的意义，不再是纯描述性的。我们猜测，前意识更接近意识而不是潜意识。既然我们认为潜意识是心理上的概念，那前意识就更是如此。那为什么我们不与哲学家保持一致，将前意识和潜意识都从意识心理中剥离开来呢？哲学家们甚至会建议我们把前意识和潜意识视作“类心理”的两个层次。这样一来，我们和他们之间就达成一致了。但这样做会给我们的论述造成无穷无尽的困难，而且类心理实际上在其他方各个面都与人们所公认的心理别无二致；只不过由于偏见的存在，它才被搁在了不重要的位置。而这种偏见，源自人们对类心理及其关键内容不甚了解的时期。

只要我们记住，描述性意义上存在两种潜意识，而动力学意义上仅存在一种，那我们就可以自由地使用意识、前意识和潜意识这三个术语。

在某些场合，我们可以忽略上述区别，有些时候则不能这样做。但无论如何，我们早已适应了潜意识的双义性，也并没有因此遇到多大困难。在我看来，这种双义性也无法被彻底避免。意识和潜意识之间的差别，毕竟还是一个非此即彼的感知问题，而感知行为本身不会告诉我们它为何感知或是未感知一样事物。即便一种现象中的动力因素具有两种解释，我们也不应抱怨。[1]

随着精神分析研究的深入，我们发现这种区分方法也存在缺陷和不足。在反映这一点的情况中，以下这种情形起到了决定性作用。我们认为，一个人的精神活动会紧密结合成一个组织，这就是他的“自我”。意识依附于自我存在，后者掌管着机体的运动性，也即把刺激排出到外部世界的能力。它是掌控一切部分过程的精神中枢。这种控制力在夜间会暂时休眠，但

1　以上内容参见“对潜意识概念的说明”（《弗洛伊德全集》第八卷）。同时，有必要提一下，对潜意识的批评也出现了新的转变。有些研究者认可精神分析所观察到的事实，却不愿承认潜意识的存在，于是他们借助意识现象也有不同等级的强度和清晰度这一事实，编造了一套说辞。有些过程可以被生动、清晰、鲜明地意识到，而另一些过程则容易被忽略，或是只能较为微弱地被意识到。而最微弱的过程，正是被精神分析“不当”归入“潜意识”的那些内容。那些人认为，这些过程也属于意识，或是存在于意识之中，只要我们给予它们足够的关注，就能完整和强烈地意识到它们的存在。

对这类问题的判断，既无惯例可循，亦不受感情左右。只要它还停留在可用言词论证的范畴，就不枉我再费一番口舌：这一援引意识清晰程度的解释，并不具有任何效力。它无非像是在说：从最耀眼的光芒，到最昏暗的微光，世上存在着不同的明亮程度，所以根本就不存在黑暗。或是在说：生命有着不同的活跃程度，所以根本就不存在死亡。这些话当然有一定道理，但如果有人从中推导出一些特定的结论，如“所以我们根本不需要点灯”或“所以一切有机物都不会死”，那显然是不恰当的。此外，把注意不到的事物归入意识，无非只能让心理体系中唯一确定的事情也变得混沌不清。在我看来，一个人们所不了解的意识，是比潜意识更为荒唐的概念。最后，这些人这么做，其实是把不被注意到的事物与潜意识等同了起来，这显然没有考虑到其中的动态关系，而这正是精神分析所一再强调的。这种做法忽略了两个事实：第一，使不被注意到的事物获得足够的关注，本身是一件十分困难的事情，也需要许多的努力；第二，就算成功了，这些从前不被注意到的事物，也不会被意识所发现，反倒会被当成陌生的、对立的事物遭到意识的粗暴排斥。所以，把很少被注意到或是不被注意到的事物等同于潜意识，本身就是偏见所造成的结果。造成这种偏见的原因，是把意识等同于心理的全部。

依然会对梦的内容进行审查。压抑作用也诞生于自我之中，它不仅要把某些精神追求赶出自我，还要让它不能以其他方式得到实现和认可。在精神分析过程中，这些遭到压抑作用排挤的事物，成了自我的对立面，精神分析的任务，就是消除自我抵制这些事物的力量。但在分析过程中我们观察到，患者在特定的任务面前会面露难色，当联想接近被压抑的内容时，他便不愿再继续。这时我们会让他明白他正面临阻力，但他对此一无所知；即便他从不快的感受中猜到自己面临阻力，也说不出它的名称和内容。但这种阻力肯定来自他的自我，于是我们就陷入了一个无法预知的境地。我们在自我之中，也发现了潜意识的东西，它与被压抑的事物有着同样的表现，也就是说：它无法被意识到，却造成了强烈的影响，我们需要特殊的努力，才能让它们进入意识之中。这一发现对精神分析实践的影响是：如果我们继续坚持惯用的表达，如把意识和潜意识的冲突视作神经症的病因，那我们就会遭遇无数的不确定和困难。根据我们对精神生活结构关系的了解，我们必须用另一种对立取代“意识”和“潜意识”的对立，那就是“紧密结合的自我”和“由它分裂出的被压抑的事物”之间的对立。

这一改变对于我们的潜意识观念有着更为深远的影响。动力学观察促使我们做出了第一次修正，对结构的观察又促使我们进行第二次修正。我们意识到，潜意识不等同于被压抑的事物。一切被压抑的事物都属于潜意识，但并不是一切潜意识中的事物都遭到压抑。自我的一部分——一个无比重要的部分——也可以属于潜意识，而且必然属于潜意识。存在于自我中的这一部分潜意识，并不像前意识处于潜伏状态；否则，它必须进入意识才能被激活，而且让它进入意识之中也不会那么困难。当我们发现自己还有必要提出第三种潜意识概念，也即不受压抑的潜意识，那我们不得不承认，潜意识的特征正逐渐失去意义。它已经成了一种多义的品质，不能像我们所希望的那样，造成唯一的深远影响。但我们不能抛弃它，毕竟在尚处于黑暗阶段的深层心理学中，“是否属于意识范畴”这一属性是黑暗中唯一的明灯。

自我与本我

病理学研究使我们的注意力过于集中在被压抑的事物身上。后来我们发现，自我中也存在确属于潜意识的内容，从此，我们希望对自我有更好的了解。从前，我们的研究仅围绕着意识或潜意识这一标签展开，但就在刚才，我们发现潜意识的意义有很多种。

其实，我们所有的认识都始终与意识相关联。甚至只有让

“潜意识”进入意识之后，我们才对它有所了解。这个过程是怎么成为可能的呢？什么是让某件事物进入意识之中？它是怎么发生的呢？

对于这些问题，我们已经有了一些眉目。我们说过，意识是心理装置的表层，也就是说，我们把它作为一个功能，归于一个体系，从空间角度看，它是最接近外部世界的一层。顺便说一下，这儿所说的空间角度，不仅是指功能的作用空间，更是解剖学意义上的结构空间。我们的研究，也必须从这个感知外部刺激的外表层出发。

从一开始，意识就是一切感受的集合，这其中既包括来自外界的感受（感官感受），也包括来自内部的感受，也即我们通常所说的感觉和情绪。那些被我们大致简称为思考过程的内部过程，又是什么情况呢？精神能量在执行动作的途中，在心理装置内的某个位置发生了转移，这就是思考过程的由来，那它们能否渗透到产生意识的表层呢？还是意识会到它们那儿去？我们注意到，一旦我们开始从空间、地域的角度认真研究心理现象，就会遇到许多问题，这就是其中之一。如果这两种可能性都不可考虑，那就必然存在第三种途径。

我曾在别处猜测，潜意识观念和无意识观念（思想）之间的真正区别，在于前者依靠我们所不了解的材料发生，而后者还跟言语认识[1]存在联系。我们的第一步尝试，是赋予前意识和潜意识这两个体系明确的、不同于其与意识关系的标识。所以，“一样事物如何进入意识”这个问题，更合理的表述应当是“一样事物如何进入前意识”。这个问题的答案是：通过与相应的言语认识产生联系。

这些言语认识是记忆的残留，它们曾经是一种感受，也跟其他所有记忆残留一样能够重新进入意识之中。在继续研究它们的特性之前，我们忽然有了一种新的认识：只有曾经是意识感受的事物，才能进入意识之中。除了内部情绪之外，其他事物若想进入意识之中，就必须试着变成外部感受。这一过程必须借助记忆残留完成。

我们认为，记忆残留存在于多个与“感受－意识”体系相毗邻的体系之中，所以它的占有能量能够很快从内部延续到这一体系的元素身上。我们很容易想到幻觉，以及最生动的记忆总跟幻觉及外部感受存在差别这一事实。但我们很快也发现，在记忆被重新激活时，占有能量依然被保留在记忆体系之中，而当占有能量不仅从记忆痕迹蔓延到意识元素，而且完全转入其中时，难以与感受区别开来的幻觉就诞生了。

1　译者注：弗洛伊德用“言语认识（Wortvorstellung）”和“事物认识（Sachvorstellung）”两个概念区分意识和潜意识。他认为，潜意识中的事物仅仅具有事物认识。只有它以某种方式进入（前）意识之后，才同时具有言语认识和事物认识。

言语残留最先来自听觉感受，所以前意识体系就有了一个特别的感官来源。言语认识的视觉部分来自阅读，它是次要的，我们可以先把它放在一边。同样可以暂时忽略的还有言语的运动轨迹。除了聋哑人要借助辅助字符阅读之外，这一点几乎不起作用。毕竟，言语只是人们所听到的言语的记忆残留。

但即便是为了简便，我们也不能忘记或否定对一样事物的视觉记忆残留的意义。我们完全可以用回归记忆残留的方式，让思维过程进入意识之中，这似乎也是许多人所钟爱的做法。根据瓦伦东克（J. Varendonck）的观察，对梦和前意识幻想的研究能让我们了解到视觉思考的特征。人们发现，在视觉思考过程中，进入意识的往往只有具体的思想素材。而对于思想的重要组成部分，也即其中的种种关系，则不存在视觉的表达。所以，图像思考仅仅是一种十分不完整的意识化形式。它比言语思维更接近于潜意识过程，而且无论从个体还是种系起源的角度，都比后者有着更为悠久的历史。

我们言归正传。如果这就是原本潜意识的事物进入前意识的方式，那么“被压抑的事物如何进入（前）意识”这一问题，就可以这样回答：我们需要通过分析工作，建立一个潜意识的中间环节。这样意识就可以留在原位，潜意识也无须上升为意识。

外部感受和自我的关系一目了然，内部感受和自我的关系则需要好好研究一番。我们不禁要怀疑，把所有意识都与肤浅的感受—意识体系联系在一起，究竟是否正确。

内部感受包含心理装置中各式各样心理过程的感觉，其中自然也包含来自最深层次的感觉。我们对它们知之甚少，至今依然把快乐—不快的欲望当作解释它们的最佳模型。它们比外部感受更加基本和原始，即便是在意识模糊的状态下也能产生。在另一个地方，我曾经介绍过它们更大的经济意义及其心理玄学根据。这些感觉跟外部感受一样，具有多个来源——它可以同时从多个不同的地方传来，并具有不同乃至相互矛盾的性质。

快乐的感受没有任何压迫性，而不快的感受则有极强的压迫性。它要求变化，要求得到发泄，所以我们认为不快会导致占有能量的增加，而快乐则会造成占有能量的减少。如果我们把以快乐或不快的面目进入意识的事物，称作精神活动中的量和质上的异物，那问题就变成了“这样的异物是当场进入意识之中，还是必须先被传导到感受体系中”。

第二种观点得到了临床经验的认可。它表明，这一异物表现得就像被压抑的冲动。它可以在不让自我注意到强迫产生的情况下产生驱动力。只有当强迫遇到阻力、发泄过程受到妨碍时，这个异物才会当场变为不快，进入意识之中。与需求紧迫感一样，痛苦也可以停留在潜意识中。它是介于外部感受和内部感受之间的中间物,即便来自外部,也会表现得像内部感受。所以，感觉和情感只有通过意识体系才能成为意识；如果这条传导路线被阻断，那即便刺激活动中依然有同样的异物出现，它们不能成为感觉。为了方便起见，我们往往称它们为潜意识感觉，并将它们与观念作类比，但这种叫法其实不完全正确，这种类比也并非完全合理。区别在于，人们首先要为潜意识观念创造连接部分，才能让它进入意识之中。而潜意识感受可跳过这一过程直接传导。换言之，意识和前意识之间的区别，对于感觉毫无意义。前意识在这儿不起作用，感觉要么是意识的，要么是潜意识的。即便它与言语认识存在联系，也不是在后者的帮助下才进入意识之中的。它们可以直接完成这一过程。

这样，言语认识的作用就彻底清楚了。有它们居中调停，内部的思考过程才转变成了感受。这样看来，“一切只是来自外部感受”这句话似乎确凿无疑了。当一种思想的占有能量过度集中时，它的确会被从外部感受到，并被认为是真实的。

在解释完外部感受和内部感受与感受—意识体系这一表层体系的关系之后，我们终于可以扩展自己对自我结构的认识。我们发现，首先自我从感受体系出发，感受体系构成了它的核心；其次，自我包括依赖于记忆残留的前意识；最后，正如我们所知，自我中也存在潜意识的部分。

现在，我不得不说：假如我们遵循一位学者的思路，将会获得很大收获。虽然他由于个人原因，一直强调自己的作为不是严谨、崇高的科学。我说的这位学者就是乔治·格罗代克（Georg Groddeck）。他一再强调，我们所谓的自我，其实在生活中一直处于被动状态。用他的话说，我们仰仗某些未知的、不受控制的力量“活着”。虽然他的说法未能把其他观点彻底排除在外，但我们还是全盘采纳了它，并不遗余力地在科学界为它争取一席之地。我建议认真考虑格罗代克的观点，把从感受体系出发、最初属于前意识的事物，称作“自我”，而把由此延伸、表现得像潜意识的另一个心理事物按照格罗代克的用词称作“本我”[1]。

这一观点究竟能否给论述带来帮助并促进我们的理解，我们拭目以待。在我们现在看来，个体就是心理意义上的本我，它不为人知，属于潜意识。源自感受体系并将其作为核心的自我，包裹在本我的表层之外。如果我们执意将这一切形象化，那还可以补充说，自我并没有完全包围住本我，而只是在感受体系能够形成表层的地方出现。两者之间的关系，就像胚盘包裹着受精卵。自我与本我并非泾渭分明，它的末端与本我融为一体。

同样和本我融为一体的，还有被压抑的事物，但它只是本

1　译者注：“本我”一词德语为“Es”，也有“它”的意思。尼采习惯于用“Es”这个语法成分形容我们本性中非人性和由自然所决定的一面。格罗代克可能也沿用了他的这套说辞。

我的一部分。被压抑的事物由于阻力的存在，只能与自我分开，但可以通过本我与其交流。我们很快就发现，我们由于病理学研究所做的那些区分，其实都仅仅针对我们所能了解到的心理装置的表层。我们可以画一张草图来形容这层关系，但这张图仅是为了表述方便，不应被过度解读。我们还在图上加了些东西，给自我戴上了一顶“听觉的帽子”。根据大脑解剖学的研究，它仅存在于一侧，可以说是戴歪了。

很容易看出，自我是在外界直接影响和感受－意识体系的调节下发生变化的本我部分，它在一定程度上是表面分化的延续。它试图让外部世界影响本我及其目的，力求用现实原则替代在本我中占据绝对地位的快乐原则。感受在自我中的作用，等同于欲望在本我中的作用。自我代表着常人所说的理性和审慎，而本我则包含激情。这也与人们最为常见的分类方式相符，却往往只被视作一般正确或在理想的情况下正确。

自我在功能上的重要性，表现在它通常掌控着一个人的能动性。所以它和本我的关系，就像一个旨在驯服马匹的骑手，而马匹的力量其实远大于骑手。唯一的区别在于，骑手用自己的力量去尝试控制马匹，而自我则要使用借来的力量。这个类比还可以稍加延续：自我跟骑手一样，不想和马匹（本我）分离，所以，它往往别无选择，只好随自我去它想去的地方。所以，自我往往也会把本我的欲望转化为行动，仿佛这也是它自己的欲望。

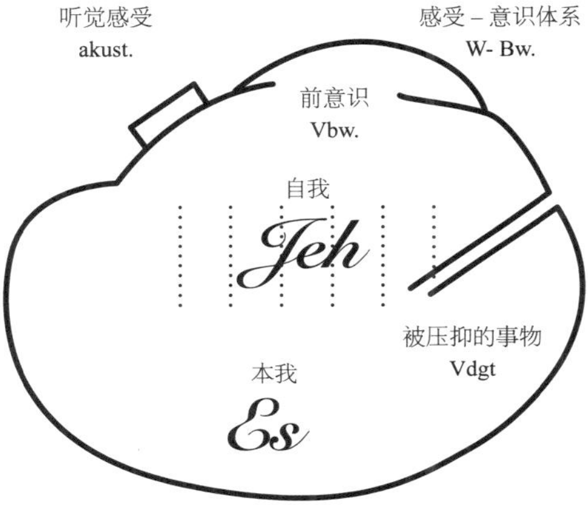

除了感受体系的影响，促使自我形成、将它与本我区分开来的还有另一个因素。一个人的躯体，尤其是它的表面，是一个能同时产生外部感受和内部感受的地方。它可以像其他对象那样被看到，在触碰之下却会产生两种感觉，其中一种感觉与内部感受相同。一个人的躯体如何从感受世界中脱颖而出，在心理生理学中已经有过充分的讨论。在此过程中，痛苦似乎也在起着作用。人们在身患疼痛疾病时，会对自己的器官产生新的认识，这或许就是我们对自己身体形成认知的典型方法。

自我首先是躯体的自我，它不只是表面的事物，更是表面的投射。如果非要将它与解剖学作类比，那它最容易让人联想到解剖学家所说的“大脑中的小人”。它们正如我们所知道的那样，倒立在大脑皮层上，脚跟朝上，脸朝后，支撑着大脑左侧的语言区。

我们反复讨论了自我和意识的关系，但这里还有一些重要的事实需要澄清。我们已经习惯了从社会和道德价值视角去审视一切,但对于低等的激情在潜意识之中活动并不感到惊讶。不过我们希望，精神功能在价值体系中排位越高，就越容易找到通往意识的安全道路。但精神分析的经验让我们颇为失望。一方面，有证据表明，一些细致和复杂的智力工作，即便要求审慎地思考，也可以在前意识中完成，而不进入意识之中。这类情况不容置疑。例如，它们可以在睡眠中出现，具体表现为：一个人在睡醒后解开了一道数学难题，或是得到了某个问题的答案。而就在前一天，他还在绞尽脑汁地思考答案。[1]

另一番经历则让人感到陌生。我们在分析过程中发现，有些患者的自我批评和良知，也即那些高级精神成就，完全处于潜意识之中，并作为潜意识的一部分起着最为重要的作用。阻力停留在潜意识之中，这在精神分析过程中绝非孤例。虽然我们一贯坚持批判性地看待问题，但认识到“潜意识负罪感”的

1　不久前,我刚刚听说了一个这样的案例。而且别人告诉我这件事,竟然是为了反驳我对“梦的工作”的描述。

存在，离不开这种新经历的帮助。这让我们感到更加迷茫，也抛给我们新的谜题。尤其是我们还意识到，这种“潜意识负罪感”在众多神经症的形成过程中起到了决定性的经济作用，并对治愈疾病造成了极大的阻碍。如果我们想回归自己的价值体系，那就必须承认：在自我中，不仅最低级的事物可以是无意识的，最高级的事物也同样可以。我们似乎要用这种方式证明此前所说的话：意识的自我首先是躯体的自我。

自我与超我（理想自我）

如果自我只是在感受体系影响下发生改变的一部分本我，是真实的外部世界在心理中的代表，那情况则要简单许多。遗憾的是，还有别的因素掺杂其中。

我们认为自我中也存在分化，倾向于把其中一个层级称作“理想自我”或“超我”。这样做的动机，我在其他地方曾经提过。现在看来，它依然是正确的。[1]超我和意识之间的关系不太稳固，这才是需要我们解释的新内容。

1　只不过，我曾认为现实性检验是超我的功能，这个错误亟须修正。把现实性检验视作自我的任务，才更符合自我和感受世界的关系。早先，我对于“自我的核心”说辞模糊，在这里也有必要一并纠正：只有感受—意识体系才是自我的核心。

我们必须把话题扯得远一些。我们通过一个假设，成功地解释了忧郁症患者的痛苦来源：这是因为失去的对象在自我中重新得到确立，也就是说，对象占有被认同作用所替代。但当时，我们还没有完全明白这一过程的意义，也不知道这种现象是多么典型和普遍。后来，我们明白这样的替换在自我的形成中起了重要的作用，也对自我性格的形成尤为关键。

在个体原始的口腔欲望时期，占有对象和自我认同几乎就是一回事。我们猜测，后来本我有了性的需求，才有了占有对象的行为。起初尚自弱小的自我，对这一切有所耳闻，但默许了这一切，或是借助压抑作用加以反抗。[1]

如果这样的性对象不得不被放弃，那自我也往往会发生变化。正如忧郁症所表现的那样，对象在自我中得到了确立。这一替换具体如何完成，我们尚不得而知。也许自我通过内省，也即以退化到口腔欲望时期的方式，使对象可以被放弃，或至少使这一过程成为可能。或许自我认同本身就是让本我放弃对象的前提条件。总之，这一过程在早期发展阶段十分普遍，这促使我们相信，自我性格是对象占有被放弃的表

1　在原始人的信仰既由此而来的禁令之中，也有用认同作用代替对象占有的类似情况。原始人认为，人如果吞食了一个动物，后者的特征也会在其身上有所体现。众所周知，这一信仰导致了同类相食（食人）现象的出现，也导致了图腾会餐和圣餐仪式的出现。口腔性欲时期征服对象的欲望所带来的后果，直接影响了后来的性对象选择。

现，是对象选择变化的反映。当然，我们从一开始就承认，每个人具有不同的抵抗能力，所以一个人的性格会对来自性对象选择史的影响表现出不同程度的抵制或接受。人们发现，在那些有着丰富爱情经验的女性身上，很容易还原对象占有退化为性格特征的过程。甚至对象占有和自我认同可能同时出现，也就是说，在对象被放弃之前，性格可能就发生了转变。在这种情况下，性格转变的存在时间可能长于对象占有，可以说在某种意义上包容了后者。

另一种观点认为,从选择性对象到发生自我改变的过程,也是自我控制本我、加强两者之间联系的过程，虽然这意味着自我要在极大程度上容忍本我的行为。一旦自我具有了对象的特征，它就会把自己作为对象强加给本我，并用这套说辞弥补后者的损失：“你瞧，我跟对象那么相似，你也可以爱我啊！”

这种从对象力比多到自恋力比多的转变，显然意味着性目标的放弃和性欲的丧失，也即升华作用的出现。所以，真正值得深入研究的问题是：这是否就是实现升华作用的一般途径；是否所有的生活作用都通过自我这一媒介发生，由后者把具有性意味的对象力比多转变为自恋力比多，再促使它转向另一个目标。[1] 至于这种转变是否会导致其他的欲望变化，如使

1　在把自我和本我分开并引入了自恋概念后，我们必须把自我视作力比多的大本营。因此，由于认同作用而涌入自我的力比多，也可被称为“次级力比多”。

原本混合在一起的各种不同欲望逐一分离，我们稍后再谈。

刚才，我们把注意力集中在自我的多种对象认同上，这虽然有些偏离主题，却是一个必要的过程。如果它们占据上风，变得过于强烈和强大，却又互不相容，就会产生病理性的后果。这可能导致自我出现分裂，使得各种自我认同相互阻挠对方。所谓的多重人格，也即各种自我认同交替占据意识的情况，或许就是这样出现的。即便情况没有那么严重，各种自我认同之间的冲突也会导致自我解体，虽然这些冲突并不见得都具有致病性。

无论后来的性格如何抵御放弃占有对象的影响，早年间完成的第一批认同一直具有持续和普遍的影响。这不得不从理想自我的起源说起：在它的背后，是个体第一次，也最具不凡意义的认同作用，其对象是他早年心目中的父亲形象。[1] 它不像是对象占有的结果，因为它比后者更为直接，也出现得更早。但属于第一性阶段，同时事关父母双亲的对象选择，似乎会通过正常的发展途径转变成认同作用，从而加强原始认同作用的力量。

这个过程过于复杂，有必要对其进一步解释。造成这一复

1　或许更谨慎的说法，是“双亲形象”，因为在孩子认识到两性差异，即女性没有阴茎之前，对父母的价值并没有不同的评判。不久前，我从一个年轻女子的案例中获悉，她发现自己没有阴茎后，并不认为所有女子都没有该器官，而只认为低贱的女子没有该器官。在她看来，母亲是有阴茎的。但为了表述方便，我在这儿只谈对父亲的认同作用。

杂局面的原因有二：一是俄狄浦斯情结的三角特征，二是个体体质的双性特征。

我们以男孩为例，对案例做一些简化：最早的时候，他把母亲作为占有对象，这一切源自母亲的乳房，也恰到好处地说明对象选择具有依赖性。而父亲则成了他认同的对象。在一段时间里，这两层关系和平共处，直到男孩的性愿望逐渐增强，并开始意识到父亲是实现他愿望的阻碍，于是俄狄浦斯情结就诞生了。对父亲的认同开始有了敌对的色彩，并最终变成了除掉父亲、取代其在母亲身边位置的愿望。从此，男孩与父亲的关系就变得矛盾重重了，一开始就潜藏在认同作用中的矛盾心理，这时开始显露。一个男孩正向的俄狄浦斯情结，简单说来就由对父亲的矛盾态度和把母亲视作柔情对象组成。

在消除俄狄浦斯情结的过程中，男孩不能再把母亲作为占有对象。取而代之的是两种可能的变化：他或是对母亲产生认同，或是进一步加强了对父亲的认同。后者更为常见，在它的允许下，对母亲的柔情也在一定程度上被保留了下来。随着俄狄浦斯情结的灭亡，男孩性格中的男子气概得到了加强。与此相类似的是，小女孩俄狄浦斯情结最后的结果，也可能是对母亲产生认同或使这种认同感得到加强，从而使她的女子性格得到巩固。

这类认同并不符合我们的预期，因为它们没有把被放弃的对象引入自我之中，但这种情况的确也会出现，而且在女孩身上比在男孩身上更容易被观察到。在精神分析研究中，我们经常发现小女孩在放弃了父亲这一爱情对象后，反倒继承了父亲的男子气概，从而没有对母亲，而是与父亲这一被抛弃的对象产生了认同。这一切，完全取决于她的男性体质——无论它由什么组成——是否足够强势。

男女两性的俄狄浦斯情结，最终都有可能表现为对父亲或母亲的认同，这取决于两个性别体质的相对强弱关系。这是双性体质影响俄狄浦斯情结发展走向的一种方式。另一种方式则更为重要。我们发现，简单的俄狄浦斯情结并不是最常见的，它只是俄狄浦斯情结被简化和模式化后的产物，虽然这些处理也经常得到实践的支持。进一步研究表明，还存在一个更为完整的俄狄浦斯情结，根据孩童原始的双性体质特征，它可被分为正向和反向的俄狄浦斯情结。也就是说，男孩并不仅仅对父亲持矛盾态度，把母亲作为柔情的选择对象，他同时也像女孩那样，对父亲具有某种女性的柔情，并相应地把母亲作为仇视对象。双性体质的引入，对解释原始对象选择和认同作用之间的关系造成了很大阻碍，也增加了将这一切描述得清晰易懂的难度。在与父母的关系中所表现出来的那种矛盾心理，甚至可能完全应该被归为双性体质的影响，而不是像我先前所说的那样，源自认同过程中的对峙。

在我看来，人们完全可以假定完整俄狄浦斯情结普遍存在，在神经症患者身上则更是如此。分析经验表明，在许多案例中，某一个成分可能消失得几乎无迹可寻，所以最后会出现一系列的后果：最极端的两种情况是彻底正常、正向的俄狄浦斯情结及与其完全对立的、反向的俄狄浦斯情结，在两者之间，还存在许多正反向俄狄浦斯情结以不同比例共同出现的情况。在俄狄浦斯情结走向灭亡时，它所包含的四种追求会聚集在对父亲的认同和对母亲的认同周围。对父亲的认同会附着在正向情结的母亲对象上，同时取代反向情结的父亲对象。同理，对母亲的认同也会有相应的表现。两种认同因人而异的强度变化，也是两种性别体质力量不等的表现。

所以，俄狄浦斯情结所掌控的性阶段发展到最后，最常见的结果就是自我中生成了两种相互联系的认同。这种自我的变化保留有特殊的地位，它们作为理想自我或超我，与自我中的其他内容产生对立。

但超我并不仅仅只是本我第一次对象选择的残留物，它也是对后者强有力的反作用。它与自我的关系，并不仅限于提醒后者：你应该（跟你父亲一样）这样做。它还包含另一层禁令：你不许（像你父亲一样）那样做，也就是说，自我不能做父亲所做的一切，有一些事情是父亲的特权。之所以会出现这个双重要求，是因为理想自我必须努力压抑俄狄浦斯情结——正是后者的骤变导致了它的诞生。显然，压抑俄狄浦斯情结不是一件容易的事情。由于双亲，尤其是父亲会对实现俄狄浦斯般的愿望造成阻碍，幼稚的自我便以在自己身上构建同一障碍的方式武装自己，以实现压抑的目的。它从父亲身上借用了一部分力量，这一行为也产生了影响深远的后果。超我保留了父亲的特征，俄狄浦斯情结越强烈，就越快受到（权威、宗教、课堂教育和阅读资料的）压迫，超我也将以道德或潜意识负罪感的面目出现，对自我进行越加严格的管控。至于这种带有强迫性质、表现为绝对命令的统治力量究竟从何而来，稍后我将给出猜测。

让我们再总结一下自我的诞生过程。它是两个无比重要的生物学事实相互作用的结果：其一是人类童年长期的无助感和依赖性；其二是俄狄浦斯情结的存在，而这一情结又可以追溯到力比多发展被潜伏期打断，由此引发的性生活的两个阶段。目前看来，后者是人类所特有的表现，有一种精神分析假说甚至认为，这是冰河纪必然导致的文化发展所留下的遗产。这样一来，超我和自我的分离并不是巧合，它代表了个体和种系起源中最重要的特征，它让双亲的影响得以不断延续，并以此让那个促成它诞生的时刻得以永不被遗忘。

人们曾无数次指责精神分析不重视人性中高尚、道德和超越个体的一面。无论是从历史还是方法论的角度看，这类指责都有失偏颇。从历史角度看，自我中的道德和审美倾向，从一开始就是压抑的推动力。从方法论的角度看，这些人没有意识到，精神分析研究不像哲学体系那样具备完整的现成理论结构；它必须借助对正常和反常现象抽丝剥茧般的研究，才能为理解复杂的心理现象逐步铺平道路。只要我们研究的是精神生活中被压抑的事物，就无须为没有反映人性中高尚的一面而感到担心。现在，既然我们已经敢于分析自我的构成，那对于那些出于道德感抱怨“人性中还得有更高尚的事物”的人，我们完全可以回答说：没错，这一高尚的事物就是理想自我或超我，它代表了我们与父母的关系。年幼时，我们发现、羡慕并害怕这一高尚的事物，后来则把它接纳到了自己身上。

所以，理想自我是俄狄浦斯情结留下的遗产，是本我中最强大的冲动和最重要的力比多发生变化的表现。在地位得到确立后，自我得以掌控俄狄浦斯情结，同时也让自己屈从于本我的安排。自我本质上是外部世界，也即现实的代表，而超我则是内部世界和本我的代言人。于是我们可以推断：自我和理想自我的冲突，首先是现实和心理、外部世界和内部世界的冲突。

生物学和人类命运在本我中创造和遗留的东西，都在本我形成的过程中被其采纳，并在它身上重新绽放光彩。理想自我的形成历史，与个体的远古遗产，也即种系发生过程中的产出物存在最为深入的联系。伴随着理想自我的出现，个体精神生活中最隐秘的东西，成了我们评价体系中人类心灵最高尚的内容。但用类似于确定自我位置的方式去确定理想自我的位置，或是将它代入形容自我和本我关系的比喻之中，都只会是徒劳的努力。

理想自我满足了人类对高尚事物所提出的一切条件，这一点很容易证实。它替代了人们对父亲的渴望，也孕育了一切宗教诞生的萌芽。自我将自己和理想自我作比较，很容易就会发现自己的不足，从而产生虔诚的宗教感受，这也是那些充满渴求的信徒所仰仗的东西。在之后的发展中，教师和权威继续扮演父亲的角色，他们的教诲和禁令，在理想自我中留下了深刻的印记，并以良知的形式出现，负责执行道德审查。道德要求和自我言行之间的差别，成了人们所感受到的自责感。具有相似理想自我的个体，也对彼此产生了认同，社会情感正是由此产生的。

宗教、道德和社会感受——这些人类主要的高尚情操[1]，其实原本都是一回事。根据我在《图腾与禁忌》一书中的猜想，它们都是父亲情结在种系起源意义上的演化。宗教和道德限制是克服自身俄狄浦斯情结的结果，社会情感是青年一代社会成员避免彼此竞争的必然后果。男性对这些社会道德有着更好的领悟，他们所获得的东西，又以交叉遗传的方式传导到了

1　在这里，我暂且把科学和艺术放在一旁。

女性身上。就个体而言，社会情感至今仍凌驾于对兄弟姐妹的忌妒情绪和竞争冲动之上。仇视情绪得不到满足，反倒促使个体对最初的仇敌产生了认同。对轻度同性恋者的观察，也证实了我们的猜测：这一认同也是柔情对象选择的替代物，而后者则替代了攻击性和仇视的态度。

提到种系起源，新的问题又出现了。在这些我们一心想要回避的问题面前，我们表现得有些犹豫不决。但犹豫没有什么帮助。即便担心暴露我们的所有努力仍存在不足，我们也必须勇于尝试。这些问题包括：从父亲情结中获得宗教和道德的究竟是原始人的自我还是本我？假如是自我，那我们为什么不直接说这是它继承的呢？假如是本我，这又如何与本我的特征保持一致？还是说，我们还不能在那么早的时候区分自我、本我和超我？抑或我们应当大方承认，自我的这些过程对理解种系起源没有任何帮助，也不适用于后者？

我们从最简单的问题说起。自我和本我的分化不仅适用于原始人，也适用于更为简单的生命体，因为它们必然受到外部世界的影响。而超我则伴随着那些促成图腾主义的经历出现。经历并获得宗教和道德的究竟是自我还是本我，其实根本算不上问题。稍微想一下就能明白，除非通过自我，本我不能经历或感知外部变化。对本我来说，自我就代表了外部世界。但我们不能说自我直接继承了这一切。现实个体和种族概念之间的鸿沟在这儿显现。另外，我们也不能过于僵硬地看待自我和本我之间的区别；不应忘记，自我是由本我分化开来的特殊部分。早前，自我的经历似乎不会遗传；但假如它们经常以足够的强度在许多代个体身上不断重复，就会转变成本我的经历，相当于对它们的印象被遗传了下来。于是，具有遗传性的本我中，容纳了无数自我的残痕。当自我用本我创造超我时，它也许只是重新恢复了从前的自我形象，使它们重获新生。

从超我的发展史中我们发现，自我和本我的对象占有之间的早期冲突，也会在自我与它们的继承者——超我之间的矛盾中延续。如果自我未能很好地克服俄狄浦斯情结，后者源自本我的占有能量就会在理想自我的还原过程中重新发挥作用。理想自我与潜意识欲望冲动之间的诸多联系，也能够解释理想自我为何多是潜意识的，以及它为何很难被自我触及。在更深层次涌动的斗争，在经历了迅速的升华作用和认同作用之后依然没有结束，而是像考尔巴赫（Wilhelm von Kaulbach）油画“匈奴之战”中所表现的那样，在更高的领域延续。

两种欲望类型

我们之前说过，如果要把心理本质区分为自我、本我和超我，就必须借助它更好地理解和描述精神生活中的动态关系。我们也证明了自我受到感受的特殊影响，笼统地说，感受之于自我，就如同欲望之于本我。但是自我也是一个特殊的、经过改变的本我部分，它也像本我一样受到欲望的影响。

不久前，我在《超越唯乐原则》一文中介绍了欲望的情况。现在，我仍坚持这一观点，并把它作为进一步讨论的基础。我们有必要区分两种欲望。其中，性欲望（又称“性爱”）是更为明显和更容易研究的一种，它不仅包括本身不受约束的性欲望，以及由此衍生的目标受约束和升华过后的欲望冲动，也包括自我保存欲望。其中，自我保存欲望被我们归入自我的行列。在分析工作开始之初，我们就出于某些必要的考虑，把它和具有性意味的对象欲望放在了对立的位置上。揭示第二种欲望的存在则要困难一些。最后，我们终于选出施虐欲望作为它的代表。根据我们借助生物学进行的理论思考，我们猜测存在着一种死的欲望，它的目标是让有机生命体回归无生命状态。而性爱的目标则是通过不断整合零散的生命物质，组建复杂的生命体，并让它得以延续。而且，两种欲望都极度保守，它们致力于恢复被生命的出现所扰乱的状态。生命的出现，既是继续生存的动因，也是追求死亡的动因。生活本身，就是这两种追求之间斗争和妥协的结果。生命起源问题，其实是一个宇宙学问题。而生命的目的和目标，其实有两个答案。这两种欲望类型中的任何一者，都具备特殊的生理学过程（生成和分解）；每一种生命物质中都有两者同时作用，但它们的比例不尽相同，所以最后肯定有一种物质成为性爱的主要代表。

这两种类型的欲望如何相互联系、混杂和融合，我们不得而知。但可以肯定的是，这一过程定期发生，而且规模庞大。随着单细胞有机物结合成多细胞生命体，单细胞生物中死的欲望被中和，破坏性的欲望在某个特殊器官的调节下，被传导到了外部世界。这一特殊器官就是肌肉系统。于是，死的欲望能就会（部分）表现为针对外部世界和其他生命体的破坏性冲动。

既然我们设想两种欲望类型能相互融合，那它们也应当能够或多或少地相互分离。性欲望中的施虐成分，就是各种欲望有效混合的绝佳案例；而施虐欲望一旦作为变态行为独立出现，就会成为两种欲望相互分离的范例——虽然这种分离并不彻底。于是，我们又见识到了众多从未被从这个角度研究过的事实。我们发现，破坏欲望为了得到发泄，必须定期为性爱服务；我们注意到，羊痫风是欲望分离的产物和标志；我们开始明白，在强迫症等严重精神疾病的后果中，欲望的分离和“死的欲望”地位凸显尤为值得重视。笼统地说，我们猜测力比多退化（如从性器官时期退化到施虐性的肛门时期）的本质，是欲望的分离。同样，力比多从早期到绝对性器官时期的精华，也离不开性成分的支持。我们不禁要问，神经症体质倾向中表现强烈的普遍矛盾心理，是否也是欲望分离的结果。但它看上去那么原始，反倒更像是未完成的欲望融合的产物。

有一个问题引起了我们的注意：既假设自我、超我和本我存在，又假设两种欲望类型存在，这两者之间是否可能存在某些有价值的联系。此外，统治心理过程的唯乐原则，是否与两种欲望类型及心理分化存在固定联系。但在开始讨论之前，我们必须打消关于问题本身的疑虑。唯乐原则无疑存在，对自我的区分也得到了临床经验的证实，但两种欲望之间的区别似乎并不那么确定，甚至可能遭到临床分析事实的反驳。

这样的事实似乎的确存在。我们可以用爱与恨的对立，代表两种欲望的对抗。我们可以很从容地找到性爱的代言人，但如果能找到死的欲望的替代者，那我们应该颇感庆幸。我们的确有幸找到了它，那就是受恨意趋势的破坏欲望。现在，临床观察又发现，恨不仅规律性地陪伴在爱左右（矛盾心理），或是在人际关系中先于爱出现，而且在某些情况下，恨会转变成爱，爱也会转变成恨。如果这一转变不只是时间上的演替，那在性欲望和死的欲望之间，也就不存在如此根本性的区别——因为区别的前提是存在两种相互对立的生理过程。

只要有合适的动机，一个人可以由爱生恨，也可以转恨为爱，这些显然不是我们要研究的问题。同样不属于我们研究范围的还有另一种情况：爱意在浮出水面之前，可能会先表现为敌意和攻击性倾向，因为在占有对象的过程中，毁灭性的成分可能先行一步，性成分则姗姗来迟。但从神经症心理学中，我们的确可以找出多个案例，证明转换的确存在。在迫害妄想症中，患者跟某个特定的人有着异常强烈的同性恋联系。为了反抗，他不得不采取不同寻常的对策。结果，这个他所爱的人被他想象成了加害者，所以患者也会对他表现出可怕的攻击性。我们还可以补充一点：在此前的某个阶段中，爱转化成了恨。近来的精神分析研究表明：在同性恋的诞生过程和社会情感去性化的过程中，存在着强烈的、使人具有攻击性倾向的对立情感。在它被克服之后，从前所憎恨的对象成了所爱之人或认同作用的对象。于是问题来了：这类情况是否可被视作由恨到爱的直接转换？这儿只发生了纯内部的变化，对象的行为并没有发生改变。

对妄想症转变过程的分析研究，使我们了解到了另一种机制存在的可能性。矛盾态度从一开始就存在，变化的产生源于反向的占有能量转移，即能量被从性冲动中抽走，转移到了敌对冲动身上。

在克服导致同性恋的敌意竞争时，也发生了虽不尽相同，但总体类似的情况。由于敌对态度没有获得满足的希望，所以出于经济的考虑，它被爱的态度所取代，因为它更容易被满足，也即有着更高的发泄可能。所以，以上案例中并不存在恨直接转变为爱的情况，因为两种欲望类型性质的差别不允许这一变化产生。

我们也注意到，通过提出这一从爱到恨的另一种转化机制，我们也默许了另一个有必要将它解释清楚的假设。我们认为，在精神生活中——无论是在自我还是本我之中——都存在着可自由转换的中立能量。天生冷漠的它们，会站到分化后的性冲动或毁灭冲动这边，提升它们的总占有能量。如果不假设存在这种可以转移的能量，我们根本无法继续。现在，问题则变成了这股能量究竟是哪儿来的？它属于谁，又意味着什么？

性欲望有何性质，它如何在千变万化的欲望发展过程中得以保存——我们对这两个问题的认识十分模糊，尚未取得进展。我们倒是很容易观察到具有性意味的部分欲望。从它们身上，我们发现了一些属于同一框架的过程。例如，部分欲望在一定程度上相互沟通；为了让另一个来源的部分冲动得到加强，来自某个敏感部位的性冲动会自降强度；一种欲望的满足，可以用另一种欲望的满足来替代。凡此种种，也促使我们做出更多类似的假设。

在之前的讨论中，我给出的也只是假设，而不是证据。但有一点似乎确凿无疑：这种大致在自我和本我中活动、可发生转移的中性能量，其实源自自恋的力比多储备，也就是说是去性欲化的性爱。据我们观察，性爱欲望似乎比毁灭欲望更具可塑性，也更容易被引导和转化。所以我们可以顺其自然地继续猜测，这种可转换的力比多为唯乐原则服务，为其清除发泄的阻碍。显然，只要发泄得以进行，它如何完成都不重要。我们知道，这是自我中占有过程的典型特征。在性占有的过程中，具体对象是哪个人其实并不重要。在精神分析中必须完成的移情环节，这一现象尤为明显。不久前，奥托·朗克（Otto Rank）给出了一些很恰当的例子，说明神经性报复完全可以作用于错误的对象。这一潜意识活动，不禁让我们联想到一件引人发笑的逸事：由于村里唯一的铁匠犯下了死罪，三个裁缝中有一个要被吊死。总之，惩罚必须到位，即便它没有作用于真正有罪的人。这种松弛的现象，我们最早可以在梦的工作中（初级过程中的转移作用）观察到。与这儿的惩罚对象一样，在我们所研究的案例中，发泄的途径也居于第二位。同样，对自我而言，准确选择对象比选择发泄途径更为重要。

假如这种可转移的能量是去性欲化的力比多，那我们可以把它们称作“升华”的能量，因为它依然坚守着性爱的主要目标——结合和联系。它所建立的那种统一，正是自我的标志（或者说，追求这种统一正是自我的标志）。如果我们从广义出发，把思考过程也归于这种转换，那对性欲望力量的升华，也为思考活动提供了能量。

这里我们又发现，升华作用可能在自我的调节下定期发生。此前，我们也曾遇到过这类情况。我们依稀记得，自我消除了本我最初和后来的对象占有，它的具体做法，是借用它们的力比多，将其与通过认同作用产生的自我变化联系到一起。这些力比多转变为自我力比多后，便放弃了性目标，也即实现了去性欲化。这至少帮助我们了解到自我在处理与性爱关系时的一大重要成就。它用这些方式掌控了原本作用于占有对象的力比多，把自己变成了唯一的爱情对象，从而使得本我的力比多去性欲化，也即得到升华。这样一来，它就实现了抵制性爱目标的目的，并开始为相反的欲望冲动服务。在这个过程中，它必须默许本我的另一些对象占有。自我的这一行为可能还有另一种后果，我们稍后再谈。

现在，我们必须对自恋理论做一个重要扩充。最初，所有力比多都积聚在本我周围，而自我尚在成形之中，或者说它的力量还十分微弱。后来，自我把一部分力比多用于占有性对象，力量变强之后的自我，就把这部分对象力比多据为己有，并把自己作为爱情对象强加给本我。自我的自恋，是次级的、从对象中抽取出来的自恋。

我们多次发现，我们所追踪的欲望冲动，往往脱胎于性爱。假如没有《超越唯乐原则》中的思考和性爱的施虐特征，我们很难坚持认为欲望具有两重性。但既然我们已经形成了这一观点，那我们必须说：死的欲望多是沉默的。生活中的躁动往往来自性爱（生的欲望）[1]，以及对性爱的反抗！

我们无法反驳如下观点：力比多对生活过程造成了障碍。在自我与力比多做斗争的过程中，唯乐原则起了指南针作用。如果费希纳所主张的稳定原则的确主宰着生活，而生命必将落入死亡，那性爱（性欲望）的诉求，就是阻止刺激水平的下降，引入新的紧张感。在唯乐原则，也即不快感受的指引下，本我用不同的方式做着抵抗。首先，它在努力地满足那些还没有被去性欲化的力比多的要求，也即力求实现直接性欲望的满足。其次，它又在这样一次聚集了众多部分要求的满足中，成功地摆脱了满载性紧张感的性物质。在性行为中，性物质的排泄一定程度上意味着躯体和胚胎原生质的分离。完全实现性满足后的状态，其实与死亡有几分相像，在某些低等动物身上，生殖行为就等同于死亡。这些生物因繁殖而死亡，因为在性爱因满足而被排除在外后，死的欲望掌控局面，得以为

1　在我们看来，毁灭欲望原本作用于自身，只是在性爱的调节下才转向外部。

所欲为。最后，正如我们所听过的那样，自我对本我施以援手，帮助它战胜这一切。它的做法，是让一部分力比多产生升华，让它们为自己和自己的目的服务。

自我的从属关系

由于我们的素材包罗万象，所以每一章的论述可能都有些文不对题。而且，为了研究新的关系，我们往往还要返回到已经论述过的内容。

我们曾多次指出，极大一部分自我因认同作用形成，这一作用代替了被自我所废弃的占有能量。第一次的认同在自我之中定期起着特殊的中枢作用，它与自我分离，成了超我。后来，日渐强大的自我开始对这些日渐强大的影响做出反抗。超我之所以能在与自我的关系中占据如此特殊的地位，主要归功于两方面的原因：首先，在第一次认同作用出现时，自我还比较弱小；其次，超我是俄狄浦斯情结留下的遗产，它把最了不起的对象引入了自我之中。它与后来的自我变化之间的关系，就像童年的性懵懂阶段与青春期过后的性生活之间的关系。虽然超我之后也会发生变化，但它一直保留了从父亲情结这一根源中所继承的特征。也就是说，它具有和自我对抗并掌控自我的能力。它的存在，让人们明白自我从前是多么虚弱和具有依赖性。即便在自我成熟之后，它依然是超我掌控的对象。正如孩子们被迫顺从父母的意志，自我也必须服从超我的绝对命令。

超我起源自本我的第一次对象占有，就是俄狄浦斯情结。这一点对于它还有更为重要的意义。正如我们已经说过的那样，这使得超我与本我在种系起源层面上获得的东西产生了联系，使它成了早期自我结构的转世物。而早期的自我结构，曾在本我之中留下过影响。所以，超我一直和本我保持着紧密联系，甚至可以在自我面前为本我代言。它深入本我之中，所以反倒比自我离意识更远。[1]

研究一些临床事实，可以帮助我们更好地理解这些关系。这些事实其实早已存在，只是还有待进一步的理论加工。

有一些人在精神分析过程中表现得尤为怪异。如果我们给予他们希望，或是让他们看到治疗取得了可观的进展，他们反倒会表现出不满，其健康状况也会规律性地变糟。起初，人们以为这是因为他们过于执拗，或是想要借此让医生明白他们不可被战胜。后来，我们对这一现象有了更为深刻和合理的认

1　可以说，精神分析或心理玄学意义上的自我，也与解剖学意义上的自我（“大脑上的小人”）一样，有着倒立的姿态。

识。我们开始确信，这些人无法忍受赞赏和认可，所以才会对治疗的进展有如此反常的回应。任何促进康复或让症状临时消失的局部治疗方案，都会暂时增加它们的痛苦。所以在治疗过程中,他们的情况不但没有变好,反倒变得更糟。他们的表现,可被称为“反向治疗反应”。

毫无疑问，在他们身上存在着阻碍痊愈的事物，康复的临近反倒被视作危险。人们会说，在这些人身上占据上风的不是痊愈的愿望，而是对疾病的需要。如果我们用常规的方法去分析这一现象，得出的结论只能是他们在医生面前表现得很顽固，以及他们希望从疾病中获得收益，所以坚持要生病。以上这些现象，大多挥之难去，成为痊愈最强大的阻碍。其严重程度，甚至超过自恋者充耳不闻的态度，也超过我们所已知的那些抵触医生、坚持要从疾病中获益的情况。

人们终于明白，这一切都与所谓的“道德”因素有关。这是一种在疾病中获得满足的负罪感，它绝不愿逃避痛苦的惩罚。这种解释虽然不尽如人意，但至少是我们可以仰仗的。但对患者而言，这种负罪感是沉默的一方，它不会告诉患者他有罪，患者也不会感到自己有罪，而只是觉得身体抱恙。这种负罪感，就成了痊愈最顽固的阻碍。而且，我们也很难让患者相信自己久病不愈是因为这一动机作祟。他更愿意相信唾手可得的另一种解释：精神分析治疗不是能帮助他的良方。[1]

这儿所描述的一切，当然是最极端的情况，但它其实应该在许多乃至全部严重神经症案例中得到重视，而人们的重视程度实际上远远不够。没错，或许正是“理想自我的行为”这一因素，决定了心理疾病的严重程度。所以，我们有必要就负罪感在不同条件下的表现再多说上几句。

正常的负罪感（良知）存在于意识之中，它不会对分析造成任何阻碍。它基于自我和理想自我之间的紧张感，是一个人的批判中枢（超我）对自我进行审判的表现。神经症患者多有自卑感，也正与此相关。在两种我们所熟悉的疾病（强迫症和忧郁症）中，负罪感在意识中表现得尤为强烈。理想自我显得尤为严厉，往往会对自我严加苛责。但除了这一共同点外，理想自我的行为也有区别，这一点的意义其实不同寻常。

1　对精神分析师而言，与潜意识负罪感所造成的阻碍斗争是一个艰苦的过程。我们不能直接与它对着干，只能间接地揭示患者被压抑在潜意识中的致病根源，并慢慢将它转化为有意识的负罪感。假如这种潜意识负罪感借用自别处，也即对另一个曾是其性占有对象的人产生认同的结果，那我们将有较好的机会施加干预。这种从他人身上接过负罪感的行为，往往是被放弃的爱情关系所遗留下的唯一、隐蔽的痕迹。它与忧郁症十分相似。如果我们能揭示潜意识负罪感背后曾经发生的对象占有，那就有望顺利地完成治疗任务，否则治疗的效果就难以保证。疗效的好坏，首先取决于负罪感的强烈程度，但治疗往往难以调动强大的力量去与之对抗；疗效或许还取决于患者是否愿意让精神分析师代替其理想自我的角色。这会诱使精神分析师扮演患者眼中的先知、心灵拯救者和救世主，但这种使用医生人格的方法其实是精神分析所坚决反对的，所以我们必须如实承认，精神分析的效果在这儿受到了限制。毕竟，精神分析的目标不是杜绝疾病反应的出现，而是让患者的自我能够自由做出这样或那样的选择。

在（某些类型的）强迫症中，负罪感十分强烈，却又不能在自我面前表明其正确性。于是，患者的自我不愿承认自己有罪，并在摆脱负罪感的过程中寻求医生的支持。顺从他的心意，其实是愚蠢的行为，因为它不会有任何收效。分析表明，患者的超我受其他过程的影响，而这恰恰是自我所不了解的。被压抑的冲动造成了负罪感的出现，而它的确可能被我们发现。在这里，超我比自我更了解潜意识的本我。

在忧郁症中，超我对意识的掌控，似乎更为强烈。但在这种情况下，自我没有反抗，而是甘愿认罪，自觉接受惩罚。我们能够理解这种差别。强迫症中出现的反抗冲动，存在于自我之外；而在忧郁症中，超我的愤怒对象，经由认同作用被接纳到了自我之中。

负罪感在这两类精神疾病中达到如此强烈的程度，其实并不是理所当然的事情。它的主要问题在于另一个地方。我们暂且把它搁置在一旁，等研究那些负罪感停留在潜意识之中的案例时再来谈这一点。

负罪感停留在潜意识中的现象，主要出现在歇斯底里症或歇斯底里式的状态中。我们很容易猜测到它的机制。来自超我的批评，对歇斯底里的自我造成了极大的困扰。后者像反对无法忍受的对象占有那样，通过压抑行为抵御这种不愉快的感受。所以，负罪感停留在潜意识之中，完全是因为自我的缘故。我们知道，自我的压抑作用，往往是受超我指使、为超我所服务的。但在这个例子中，他恰恰调转矛头，把同一件武器对准了自己严厉的主人。强迫症主要表现为反向作用，而在这儿，自我却成功地疏远了那些造成负罪感的材料。

我们可以再进一步，大胆假设很大一部分负罪感平时存在于潜意识之中，因为良知的产生其实也与俄狄浦斯情结存在内在联系，而后者属于潜意识。如果有人想要坚持矛盾的看法，认为普通人不仅比他自己所以为的更不道德，也比他自己所以为的更道德，那为前半句话提供了依据的精神分析，也不会对后半句话提出反对意见。[1]

潜意识负罪感的增加也会让一个人变成罪犯，这一发现着实令人惊讶，但它的确如此。人们发现，许多罪犯，尤其是年轻罪犯在作案前就产生了强烈的负罪感，所以这种负罪感不是犯罪行为的后果，而是它的动机。假如能把犯罪感和现实的事情联系在一起，对他们来说反倒是一种宽慰。

在所有这些关系中，超我与存在于意识中的自我无关，而与存在于潜意识中的本我具有内在联系。考虑到自我中前意识言语残留的重要性，我们不禁要问，假如超我是潜意识的，那

1　这句话只是看似矛盾。它只想说明，一个人天性中的善与恶，都超越了他自以为的范畴，也即他的自我通过意识感受所认识到的范畴。

么它是否由言语认识或是别的什么东西组成？一个谨慎的答案是：即便是超我，也不能否认它可能来自听到的事物，毕竟它是自我的一部分，多通过言语认识（概念，抽象概念）进入意识；但把占有能量引向这些超我内容的不是听觉感受、说教和阅读，而是起源于本我的事物。

有一个问题我们一直没有回答：超我为何会表现为负罪感（更好的说法是“批判性”，负罪感是自我对这种批判的感受），并对自我如此严苛？我们先看忧郁症的情况。不难发现，无比强大的超我掌控了意识，在自我面前十分严酷无情，经常大发脾气，仿佛它占有了一个人身上所有的施虐倾向。按照我们对施虐行为的了解，它可以说是破坏成分在超我之中积聚后，转而朝自我发泄的结果。这时，死的欲望似乎已彻底征服了超我，假如自我没有及时以转向躁狂症的方式抵抗超我的暴政，死的欲望往往能成功地把自我逼上死路。

在某些强迫症类型中，良知的谴责也同样让人不堪忍受，我们对这种情况还不是特别清楚。值得注意的是，强迫症患者与忧郁症患者不同，他们永远不会迈出自杀这一步；他们似乎对自杀的危险免疫，在这方面远比歇斯底里症患者受到更好的保护。我们知道，正是对象的存在确保了自我的安全。强迫症患者完全可以退化回性器官前期，从而让爱的冲动变成攻击对象的冲动。破坏欲望又开始自由行动并想要摧毁对象，或者它至少表现出了这一企图。但自我没有接纳这些倾向，只是用反向作用和预防措施去抵御它们，所以它们停留在了本我之中。但超我认为自我应该为此负责，它拿出追究这些毁灭意图的严肃态度，不把这一切当作退化所引起的表象，反倒认为恨的确取代了爱。自我夹在中间孤立无援，只能徒劳地在凶残的本我所提出的无理要求和严厉的良知所做出的指责之间做无谓的挣扎。最后，它总算勉强抵御住两方面最为粗暴的攻击，最后的结果是无休止的自我折磨，随后，它又对能触及的对象展开系统的折磨。

个体对危险的“死的欲望”有着不同方式的处理：一部分欲望被掺杂了性成分，开始变得无害；一部分攻击性被引向外部，但大部分死的欲望依然在内部畅通无阻地工作。那么在忧郁症中，超我何以成为“死的欲望”的集聚地呢？

从限制欲望和道德性的角度来看，我们可以这样认为：本我是完全不讲道德，自我努力遵循道德规范，超我既可以无比道德，也可以像本我那样冷酷无情。值得注意的是，一个人越是限制其对外的攻击性，其理想自我就越是严格而具有攻击性。这与一般的观点恰恰相反，后者认为理想自我的要求正是压制攻击性。但事实情况的确如我们所说：一个人越是试图控制自己的攻击性，其理想自我就会对自我表现出更强的攻击性倾向。它似乎把矛头转向了自身的自我。何况一般、正常的道德也有厉行禁止、残酷限制的特征。正是因此，人们才认为超我具有铁面无情、严于惩罚的高尚本性。

为了将我的论述继续下去，我必须提出一个新的假设。超我的诞生，源自对父亲这一榜样的认同作用。每一次认同，都具有去性欲化乃至升华的特征。在这样的转变中，各种欲望似乎也发生了分离。在经过升华之后，性成分不再具备集聚破坏性的能力，所以后者便重获自由，表现为攻击倾向和破坏倾向。由于欲望的分离，理想自我获得了严酷无情的特征，开始发号施令。

这层关系在强迫症中又有所不同，让我们在此稍作停留。爱与攻击性的分离，并不是自我的功劳，而是在本我之中完成退化过程的结果。只不过这个过程也从自我进入了超我，使得后者变本加厉地苛求无罪的自我。但无论是在忧郁症还是在强迫症中，自我都通过认同作用战胜了力比多，却也受到了超我掺入力比多之中的攻击性的惩罚。

我们对自我的认识变得越来越清晰，它的层层关系也越加明朗。我们了解了自我的强项和弱项。它肩负着重要的使命，凭借与感受体系的联系确定了心理过程的时间顺序，使它们接受现实检验。通过开启思考过程，它成功推迟了运动机能的爆发，掌握了通往运动性的入口。但这更多只是形式上的掌控，而非事实性的掌控。自我在与行动相处时，更像是具有立宪君主的地位：法律的颁布必须得到他的允许，但在否决议会的建议时，他必须慎之又慎。一切来自外部的生活经历，都丰富了自我的内容，而本我是自我所试图掌控的另一个外部世界。自我夺走了本我的力比多，把本我的对象占有变成了自我结构。在超我的帮助下，它用一种我们尚不熟悉的方式，对积聚在本我之中的史前经验加以利用。

本我中的内容，可以从两种途径进入自我。一种是直接进入，另一种则要借道理想自我。采取何种途径，对某些心理活动可能具有决定性的影响。自我的发展，经历了从感知欲望到控制欲望，从顺从欲望到阻拦欲望的过程。这些成就的取得，理想自我功不可没。一部分理想自我，正是对本我中的欲望过程采取反向措施的结果。精神分析这一工具，可以帮助自我进一步征服本我。

但从另一个角度来看，自我也是一个可怜的家伙。它要为三方面服务，所以也承受着来自三方面的威胁。这种危险一是来自外部世界，二是来自本我的力比多，三是来自超我的严格要求。这三重危险对应了三重恐惧，因为恐惧是在危险面前望而却步的表现。作为与外界接触的门户，自我在外部世界和本我之间起着调和作用，努力让本我服从于外部世界，也用自己的肌肉活动促使外部世界公正对待本我的愿望。它就像精神分析治疗中的医生，为了照顾真实世界，它把自己作为力比多的对象推荐给本我，从而把本我的力比多吸引到自己身上。它不仅是本我的帮手，更是它卑躬屈膝的奴仆，一心只想讨主人欢心。它竭尽所能，力求与本我保持一致；它为自我潜意识的诉求蒙上了一层前意识的理性外罩，努力装出一副已经服从现实警告的样子；即便在本我坚决不肯退让的时候，它也努力掩盖本我与现实乃至本我与超我之间的冲突。在这个介于本我和现实之间的位置上，它往往难以经受住诱惑，表现出奉承、投机和撒谎的一面，就像一个明事理的政治家必须在公众意见面前自保一样。

在两种欲望类型之间，自我并非毫无倾向性。通过认同作用和升华作用，它帮助本我中死的欲望战胜了力比多，但陷入了引火烧身的境地，面临成为“死的欲望”目标的危险。为了提供帮助，它让自己充满了力比多，也因此成了性爱的代言人，追求生活和被爱。

但自我的升华工作，也导致了欲望的分离和超我中攻击性欲望的解放。在与力比多对抗的过程中，自我也面临被虐待和死亡的危险。如果自我受制于超我的攻击性，或是已经被它所战胜，那它的命运就跟单细胞生物的命运相仿。后者因自身产生的分裂产物而死亡，也可谓引火烧身。在我们看来，在超我中起作用的道德，就像是经济意义上的分裂产物。

在自我的从属关系中，与超我的关系或许是最有趣的。

自我是恐惧真正的聚集地。由于受到来自三方面的威胁，自我发明了“逃避反射”（Fluchtreflex），也即从危险的感受和自我中类似的过程中撤回它的占有能量，将其作为恐惧表现出来。这一原始的反映，后来被保护性的占有能量所取代（这也是恐惧症的机制）。自我究竟害怕外界和自我力比多危险中的哪些内容，我们不得而知。我们只知道，那是一种征服和毁灭，但精神分析无法把握其具体内容，自我不过是在遵从唯乐原则的警告。但我们可以说出自我对超我的恐惧，也即它的道德恐惧，究竟包括什么。那些产生了理想自我的高等生物，都面临着被阉割的危险。后来出现的道德恐惧，或许正是以这种阉割恐惧为核心存在的，它是阉割恐惧的延续。

“每一种恐惧都是对死亡的恐惧。”这句话虽言之凿凿，但其实毫无意义，至少根本无法被证实。在我看来，更重要的是将对死亡的恐惧与对对象（现实）的恐惧，以及对神经症力比多的恐惧区分开来。这也给精神分析学说出了一道难题，因为死亡是一个有着否定内容的抽象概念，我们无法在潜意识中找到它的对应物。死亡恐惧产生的机制，只能是自我大量释放自恋的力比多占有能量，也就是说，正如一般的恐惧案例中自我放弃了对象，现在它也放弃了自己。在我看来，对死亡的恐惧发生在自我和超我之间。

我们知道，对死亡的恐惧会在两个前提下出现，这两个前提也与其他恐惧类型发展过程中的前提类似。就像忧郁症所表现的那样，它既是对外部危险的反应，也是对内部过程的反应。在这方面，神经症案例再次为理解现实情况提供了帮助。

忧郁症中的死亡恐惧只有一种解释：自我觉得自己受到超我的憎恨和迫害，于是变得自暴自弃。对自我而言，生活就意味着被爱，也即被代表本我的超我所爱。超我起到了保护和救赎的作用，这一工作最初由父亲完成，后来则由天意和命运实现。所以，当自我面临无比巨大的现实危险，自觉凭一己之力无法渡过难关时，它也会得出相应的结论：自己被保护力量给抛弃了，不如一死了之。另外，出生是人类第一次直面恐惧的过程，与保护他的母亲分开的婴儿也在渴望中带有恐惧，这两种恐惧情绪正是死亡恐惧的根源。

综上所述，死亡恐惧和道德恐惧一样，都是阉割恐惧的衍生物。负罪感之于神经症的重要意义，使得我们很难否认一点：在严重的情况下，自我和超我之间的恐惧发展（阉割恐惧、道德恐惧、死亡恐惧）或许会提升一般神经性恐惧的强烈程度。

最后，让我们再回到本我之中。本我没有办法向自我表明它的爱与恨。它说不出自己想要什么，也没有形成统一的意志。性爱和死的欲望在本我之中争斗，我们也详细论述了它们相互抵御对方侵袭的方法。我们当然可以说，自我处在沉默但强大的死的欲望的统治之下，后者的目标，是在唯乐原则的授意下让性爱不再兴风作浪，从而得以享受安宁。但我们担心，这种说法可能低估了性爱的作用。

障碍、症状与恐惧

“

症状是欲望没有得到满足的标志和替代物，是压抑的后果。或许是受了超我的指示，自我拒绝参与本我的欲望占有过程，压抑由此诞生。借助压抑作用，自我成功地把那些代表不受欢迎冲动的认识排除在了意识之外。

”

1

在描述病理现象时，我们习惯于区分症状（Symptom）和障碍（Hemmung）这两个术语，但它们的区别又并不那么明显。要不是遇到了那些只有障碍现象，却没有症状出现的病例，又想弄清楚它们的条件，那我们也不会产生区分障碍和症状这两个概念的认识。

这两个概念有着不同的起源。障碍和功能（Funktion）联系紧密，它不一定是病态的。功能受到正常限制，也可以说是功能产生了障碍。而症状则是疾病过程的表现。所以，症状也可以是一种障碍。我们的语言习惯，在形容功能简单降低时用“障碍”一词。而在功能发生不同寻常的变化，或是导致新情况出现时，则使用“症状”一词。在许多情况下，人们的用词都十分随意，把一个病理过程称作“障碍”还是“症状”，取决于究竟强调其积极还是消极的一面。这其实没有多大意思，我们从这个问题出发，并未获得太多收获。

障碍在概念上与功能如此紧密的联系，促使我们借助它研究不同的自我功能。具体的做法，是考察这些功能受阻后会在单独的心理情绪中引发何种表现。我们挑选了性功能、饮食功能、运动功能和职业功能，进行比较研究。

a）性功能可能会遇到许多阻碍，其中大多数都是简单的障碍，我们把它们统称为心理性阳痿。实现正常的性功能，必须经历一个十分复杂的过程。其中每一个环节，都可能出现阻碍。最容易产生障碍的是男性，它可表现为开始阶段力比多的转移（心理性不快）、未做好生理准备（勃起无力）、性交时间过短（早泄，它也可被描述成一种积极的症状）、性交在自然结束前受阻（射精困难）和达不到应有的心理效果（感受不到性高潮的快感）。另外一些阻碍，还会出现在性功能和一些特殊条件相结合的情形下，如性倒错和恋物癖。

对于障碍和恐惧之间的联系，我们不能再视而不见。有些障碍显然是放弃某些功能的结果，因为一旦这些功能得到执行，就会引发恐惧。对性行为的直接恐惧，在女性身上更为常见，我们一般把它归为歇斯底里症的表现。同属此类的还有对性交感到恶心的防御性症状。起初，恶心是被动经历性行为的后续反应，之后，患者一想到性行为就会感到恶心。另外，许多强迫性行为都是提防和避免性经历的结果，也即具有恐惧症的特征。

在理解这些现象方面，我们尚未取得太多的进展。我们只是注意到，以下这些因素都会对功能造成阻碍：1）最初曾经现身的力比多发生了转移，这被我们称作“纯粹障碍”；2）功能执行情况不佳；3）由于某些特殊的原因，功能难以执行，或被转移到了其他目标上；4）因安全措施的存在，功能未能执行；5）功能的执行在开始阶段突破了阻碍，却因恐惧的诞生被迫中断；6）在功能执行完毕后，某种后续反应对此表示抗议，并希望将已经发生的事情恢复原状。

b）最常见的营养功能障碍，是由于力比多消失引发的厌食症。同样，食欲过强也是常见的障碍。饮食强迫症的动机，是对饥饿的恐惧，但这方面的研究还只是凤毛麟角。我们知道，呕吐这种症状是对饮食歇斯底里式的防御。因恐惧而拒绝饮食的行为，也是一种神经症状态（中毒妄想）。

c）运动功能在某些神经症状态中受阻，具体表现为不愿步行或举步维艰。来自歇斯底里症的阻碍，也能造成运动器官的瘫痪，或是以某种特殊的方式让运动器官丧失某种功能（步行不能症）。尤为典型的情况，是某些条件的存在造成了运动困难，但它们假如不存在，又会诱发恐惧（恐惧症）。

d）工作障碍往往被当成独立的症状，成为治疗的对象。它表现为工作欲望不强、执行力不佳，如果强迫患者继续工作，还会出现疲劳、眩晕、呕吐等应激性反应。歇斯底里症还会以造成器官和功能瘫痪的方式，强迫人们停止工作。瘫痪状态的存在，也使人根本无法工作。强迫症也会对工作造成阻碍，它容易分散人们的注意力，不停地重复和停止也会耽误不少工作时间。

我们当然还可以把这一大致情况扩展到其他功能障碍上，但这样做无法让我们了解到更多的东西，因为它无法帮助我们超越表面现象。所以，我们不妨赶紧给障碍下一个定义，好让它不再显得那么神秘：障碍是自我功能受限的表现，它本身有许多不同的原因。一些放弃功能的机制和它的一般趋势是为我们所熟知的。

我们很容易识别一些特定障碍的倾向。如果弹琴、写字乃至走路都受制于心理障碍，那通过分析我们不难发现，这是执行这些功能的器官（手和脚）受到过于强烈的性刺激的结果。我们大致发现，一个器官如果表现出性亢奋，也即其性意味增强，那它的自我功能就会受到损害。打个不恰当的比喻：如果家里的女厨子和雇主互生情愫，那她就不愿再下厨了。写字原本是把笔管里的液体挥洒在白纸上的过程，如果这一行为具有了性交的象征含义，或是走路象征着反复蹂躏大地母亲的身体，那一个人就没法继续写字和走路了，因为一旦做这些事情，就等同于发生了不被允许的性行为。自我放弃了这些属于它的功能，以防出现新的压抑，从而避免与本我产生冲突。

另一些障碍显然是为自我惩罚服务的，它常见于完成职业任务的障碍。自我被禁止做这些事情，因为它们为自我带来的功用和成就，是严厉的超我所不允许的。于是，自我不得不放弃这些成就，以免与超我产生冲突。

大多数自我障碍遵循另一套更为简单的机制。如果自我承担了一项十分繁重的心理任务，如深陷悲伤之中，面临巨大的情感压力，或是需要压制不断涌动的性幻想，那可供它支配的能量也会捉襟见肘。所以，它就像一个已经把所有的钱都用于投资的投机商一样，必须限制许多地方的能量使用。在短时间内，自我功能甚至会强烈、全面受阻；在一位强迫症患者身上，我就曾观察到这样一个十分有教益的例子。一遇到本应让他勃然大怒的情形，他便会表现出瘫痪般的疲倦，这一现象可持续一天乃至数天之久。从这个例子中，我们可以找到理解一般障碍的途径。这种一般障碍，也是抑郁状态及其极端表现（忧郁症）的标志。

最后，我们或许可以这样总结：障碍是自我功能受限的表现，这一限制或许是出于谨慎的目的，或许是因为能量的贫乏。这样一来，障碍和症状也就很容易区分了。症状不可能是发生在自我之中或作用于自我的过程。

2

人们早已研究过症状形成的基本特征，并将它以确凿的方式表述了出来。症状是欲望没有得到满足的标志和替代物，是压抑的后果。或许是受了超我的指示，自我拒绝参与本我的欲望占有过程，压抑由此诞生。借助压抑作用，自我成功地把那些代表不受欢迎冲动的认识排除在了意识之外。分析研究多次表明，这些认识成了潜意识的组成部分。目前为止，一切都再清楚不过，但很快，我们就遇到了尚未解决的难题。

我们迄今对压抑过程的论述，仅停留在强调其成功阻拦某些事物进入意识之中的阶段。但在另一些方面，疑问依然存在。例如，在本我中被激活的、追求满足的欲望冲动，最后命运究竟如何？我们只是间接地给出了答案：在压抑过程中，欲望不但没有如愿以偿地得到满足，反倒感到不快。于是，下一个问题就来了：不快怎么能成为欲望满足的结局呢？如果我们能证明，在压抑作用的干涉下，本我计划中的刺激过程根本没有出现，自我成功阻止了它，或是转移了它的目标。这样一来，问题将迎刃而解，压抑过程中的“情绪转变”之谜也就不存在了。但这意味着我们承认，自我对于本我中的过程有着深远的影响力。那我们就必须搞清楚，自我这种令人惊奇的力量究竟从何而来。

我认为，这种影响力来自自我与感受体系的内在关联，这既是自我的本质，也是它与本我产生分化的原因。我们称这一体系为感受—意识体系，它的功能和意识现象紧密相连。它同时感受内部和外部刺激，并利用由此产生的快乐和不快，参照唯乐原则引导所有的心理活动。我们总说自我在本我面前表现得懦弱无能，但一到了抵抗本我中欲望过程的时候，只需一个不快的信号，它就能在几乎无所不能的唯乐原则的帮助下，实现它的目标。假如我们暂时把这一情形单独看待，那就可以用另一个领域的例子来说明它。这就好比在一个国家中，一个小团体试图反对一项获得大众支持的决策。于是，这一小团体掌控了媒体，利用它制造了“主流舆论”，从而成功地让这项本是板上钉钉的决策未能获得通过。

这一回答，又引发了新的问题。生成不快信号的能量从何而来？在这方面，有一种观点为我们指明了方向：抵御一种不受欢迎的内部过程，遵循的正是抵御外部刺激的模式。自我采用同样的方法，防御来自内部和外部的危险。在遇到外来危险时，有机组织会试图躲避。起初，它撤回占有能量，使它们不去感受危险。后来它发现，即便我们无法阻止危险的出现，也仍然可以通过肌肉活动，使身体脱离危险区域，从而不再感受到危险。压抑作用正是这样一次逃避的尝试。自我从需要被压抑的欲望代表那儿撤回了（潜意识的）占有能量，将它用于释放不快（恐惧）。恐惧如何在压抑过程中产生，是一个复杂的问题；但无论如何，我们应当坚持认为自我是恐惧的大本营，而不是像从前那样，认为作用于被压抑冲动的占有能量会自动转化为恐惧。我从前的论述，只能算是一种现象学的描述，而不是心理玄学的阐释。

但是，新的问题又出现了：我们一直以为，不快和恐惧只可能因占有能量的提升而出现，那仅仅撤回或转移前意识中的自我占有能量，怎么就能引发不快和恐惧呢？这从经济角度该如何解释？我的回答是，这一切不应从经济角度去解释，恐惧不是压抑过程中新出现的现象，而是根据既有的记忆画面重新产生的情感状态。一旦开始追问恐惧乃至情感的来源，我们就已经离开了鲜有争议的心理学领域，转而进入了生理学的边缘范畴。情感状态作为原始创伤经历的印记，铭刻在精神生活之中，当遇到类似的状况时，它们作为记忆的象征物重新复苏。我把它们与后来出现在个体身上的歇斯底里症发作等同在一起，认为它们是歇斯底里症正常化的典范，这其实不无道理。在人类和相邻物种身上，出生的过程作为个体最早的恐惧经历，决定了这一情感表现的典型特征。但我们也不应高估这层关系的意义，在承认它正确性的同时，也不应忘记从生物学角度看，情感象征必然在危险场合出现，也必须出现。我也并不认为精神生活中的每一次恐惧爆发，都还原了出生的场景。虽然最初的歇斯底里症发作是创伤性经历的重现，但这种特征能否一直保留至今，其实我们并不肯定。

我曾在别处指出，治疗工作中遇到的大多数压抑，都是后续压抑（Nachdrängen）。在它之前，还存在着依然对当前状况保持吸引力和影响的原始压抑（Urverdrängen）。对于这一压抑的背景和初级阶段，我们几乎一无所知。所以，我们很容易高估超我在压抑作用中的角色。超我的出现，是否是造成原始压抑和后续压抑分离的原因，目前还不得而知。但人类第一次，也是十分强烈的一次恐惧爆发，无疑出现在超我分化出来之前。但可以肯定的是，量的因素（如过于强烈的刺激和刺激保护层的破裂）是诱发原始压抑的最直接原因。

“刺激保护层”这个关键词，也提醒我们压抑作用会在两类情况下出现：不受欢迎的欲望冲动，可能被外部感受唤醒，也可能在不受任何外部刺激的情况下在内部产生。稍后，我们还将继续讨论这一差别。无论如何，刺激保护层只能抵御外部的刺激，而不能防备内部的欲望诉求。

只要我们还在研究自我的逃避尝试，那就不可能接近症状的形成机制。症状源自被压抑作用损害的欲望冲动。假如自我利用不快的信号，达到了彻底压制欲望冲动的目的，那我们根本不可能知道这一切究竟是怎么发生的。只有在那些或多或少失败的压抑过程身上，我们才能有所收获。

这种情况一般是这样的：欲望冲动虽然受到压抑，但依然找到了替代物。只不过，这一替代物已经发生了缩水、转移并受到阻碍，俨然不知何为满足。当这一替代性冲动完成时，人们不会感受到快感，所以它的完成就具有了强迫色彩。但在这种满足过程降格成症状的进程中，压抑作用还以另一种方式展现了它的力量。它令替代冲动无法以调动机体运动性的方式得到发泄，即便后者成功地做到了这一点，也只能造成自己身体的改变，而不能作用于外部世界。也就是说，这一替代过程无法转化为行动。我们知道，在压抑的过程中，自我在外部现实的影响下工作，所以它必然会阻止替代过程对现实产生影响。

自我既把守着通往意识的门户，也掌控着对外界采取行动的大权，在压抑过程中，它在这两方面均行使了它的权力。无论是欲望冲动，还是欲望代表，都感受到了它的力量。这时候，人们不禁要问，我们现在承认自我的强大，这又该如何同《自我与本我》一文中所定义的自我地位联系在一起呢？在那里，我们描述了自我与本我和超我的从属关系，指出它在两者面前软弱无能、易生恐惧，并努力保持自己的优越性。随后，这一判断在精神分析文献中引发了强烈的反响。许多人迫切地强调自我在本我、理性在魔性面前的弱势地位，并把这句话奉为精神分析“世界观”的基柱。对压抑作用影响机制的了解，难道不更应该让精神分析师远离这种极端的态度吗？

我完全不赞成这种编造世界观的做法。这项任务还是交给哲学家们为好。毕竟离开了世界观这部万能的旅行手册，他们的生命之旅就失去了方向。哲学家们以其高贵的贫穷，居高临下地对我们表现出百般鄙夷，对此我们只能虚心接受。但我们的身上或许还留有些许自负的骄傲，所以我们就宽慰自己说，这些“生活指南”很快就会过时，反倒是我们这些目光短浅、见识狭隘的小论文，需要被反复重印。而即便是最新潮的“手册”，依然想要颠覆之前所有古老又完整的教义指南，妄图取而代之。我们其实很清楚，科学对于解开世界之谜还贡献甚少。哲学家们虽百般聒噪，也改变不了这一现象，只有潜心努力、求真务实地工作，才能令其渐露转机。当漫游者在黑暗中歌唱，他虽借此否认自己在害怕，但也没能因此看得更清楚。

3

我们再回到自我的问题上：我们在处理抽象概念时过于死板，在复杂的事实面前疲于应付，难以左右兼顾，才造成了这种矛盾的表象。一方面，自我和本我之间的差别，是我们根据特定局势得出的结论，看起来似乎无懈可击。但另一方面，自我和本我其实是统一的，它是由本我分化出的一个特殊部分。假如我们认为这一部分是和整体对立的，或者两者之间的确存在裂痕，那自我显然就处于弱势地位。但假如自我依然和本我联系紧密，无法与其分离，那它就会表现出强势的一面。自我和超我的关系也是一样；在许多情况下，两者都融为一体。只有当它们产生冲突时，才会出现紧张关系。在压抑中起决定性作用的事实：自我是一个组织，而本我不是，自我是本我中有组织化的部分。所以，把自我和本我假设为两个不同的阵营，其实是没有依据的。自我借助压抑作用打压一部分本我，而本我的其他部分则向它的同伴伸出援手，前来与自我一较高下——这种情况当然可能出现，但肯定不是压抑作用最初产生的情形。一般情况下，被压抑的欲望冲动都是孤立无援的。压抑行为虽然展现了自我的强大，却也证明了它的软弱无能，同时也证明本我中的个别欲望冲动丝毫不受影响。因为那些因压抑作用转变成症状的过程，都存在于自我组织之外，并与它毫无关联。而且不只这些过程，就连它们的衍生物也享受着这种近似“治外法权”的特权。每当它们与自我组织的某个部分产生联想性联系，人们就不禁要怀疑它们想把这个部分拉过去，从而达到消耗自我、充实自身的目的。一个早已为我们所熟知的比喻，把症状比作一个持续不断地在其所身处的组织里制造刺激和反应现象的异物。虽然在某些情况下，对不受欢迎的欲望冲动的反抗的确会伴随症状的形成而结束，但据我们所知，这种情况最容易在歇斯底里症的转换过程中出现。而且一般情况下，它的过程还有所不同。在最初的压抑行为过后，还有一段漫长而无休止的余波。与欲望冲动的斗争，还会以与症状做斗争的方式延续。

这种次级反抗展现出两面性，它有着矛盾的表现。一方面，自我因其本性，必须做些什么，我们判断这是让身体复原或与症状和解的尝试。自我是一个组织，它的运转有赖于各组成成分的自由往来和相互影响，它那去性欲化的能量，正是来自对联系和统一的追求，自我越是进一步发展，对结合的要求就越是强烈。这样一来，自我的一些举动就容易理解了：它不择手段，试图消除症状的陌生性和独立性，用某种方式将它与自己结合在一起，并借助这一纽带使其成为自我组织的一部分。我们知道，这样的追求也会影响形成症状的行为。一个典型的例子是歇斯底里症的症状，我们现已知道，它是满足的需要和惩罚的需要相互妥协的结果。为了满足超我的要求，这些症状从一开始就参与到了自我之中。另一方面，它们又代表了自我组织中被压抑的事物和破裂的保护层。所以，它们是占有能量发生混合的边缘场所。初级的歇斯底里症状是否都由此而成，我们还需要仔细研究。在之后的发展中，自我似乎受到这样一种思想的左右：症状已经出现了，也无法被消除。我们能做的就是与之友好相处，并尽可能地从它身上获得好处。自我开始像平时适应真实的外部世界那样，适应这些以症状为代表的外来事物。这样做的机会层出不穷。症状的存在，肯定会阻碍自我满足超我需求、抵御外部世界无理要求的效率。于是，症状逐渐成了重要利益的代表，它开始有了自我价值，与自我的联系也越来越紧密，成了后者不可或缺的一部分。只有在极为罕见的情况下，治愈异物的过程才能重复类似的内容。但如果我们说，自我故意创造了这些症状，只为享受它的好处，那就未免有些言过其实了。这就好比有人说，因战争致残的人故意让人锯掉腿，这样他就可以不用工作，靠伤残抚恤金过活了。

强迫症和妄想症的形成过程对于自我更有价值，这不是因为它能够给自我带去更多的好处，而是因为它们让自我获得了原本得不到的自恋满足。强迫症患者构建的体系，使他们误以为自己出类拔萃、与众不同，他们以此满足自己的虚荣心；妄想症患者完成的妄想，让他的洞察力和幻想得到了满足，让他们感觉自己很难被替代。为我们所熟知的“疾病的（次级）收益”，正是以上这种种关系的结果。它帮助自我实现把症状吸纳为自身一部分的愿望，也加强了症状的稳固性。等到再来分析自我与症状之间的对抗时，我们突然发现，自我和症状在对立之外，也发生了和解。而且一旦它们结合到一起，还很难分开。所以，自我对症状的这两种处理方式，的确存在矛盾。

另一种处理方式相对不太友好，它旨在执行压抑作用。但我们似乎不应就此指责自我表现的前后不一。自我性情平和，所以想把症状纳入自身之中，让它成为自己的一部分。阻碍来自症状一侧，它作为被压抑冲动的替代物和衍生物，想要继续扮演这一角色。所以，它一再要求获得满足，从而迫使自我反复发出不快的信号，对此做出反抗。

对症状的次级反抗有着许多表现，它在不同的场合发生，也使用各式各样的手段。如果我们不逐一研究症状形成的情况，就无法就这一话题讨论太多。在这一过程中，我们将有机会研究一直潜伏在背后的恐惧问题。我建议我们从歇斯底里症的症状入手，因为要研究强迫症、妄想症及其他神经症需要一些前提条件，我们还没有做好充足的准备。

4

我们要研究的第一个案例，是一个幼儿歇斯底里式的动物恐惧症。“小汉斯”对马的恐惧，从各方面看来都是一个典型的例子。我们只需看上一眼，就不难发现：与抽象的理论思考相比，真实神经症案例的复杂程度，远超我们的想象。我们需要花一些时间，才能大致找到方向，搞清楚哪些是被压抑的冲动，哪些是作为其替代物的症状，以及造成压抑的动机究竟是什么。

小汉斯因为害怕马匹，拒绝上街走动。这就是我们手头的原始材料。其中的症状是什么？是恐惧的诞生、恐惧对象的选择，是放弃行动的自由，还是多种情况的组合？他没能实现的满足，究竟是什么？他为什么必须放弃这一满足？

人们容易觉得这个案例很简单，并没有那么复杂。对马匹的恐惧虽然难以解释，但这就是症状。无法上街，这是障碍，是自我为了避免唤醒恐惧的症状所强加给自己的限制。第二点解释显然是正确的，所以在之后的讨论中，这一障碍就不再受到关注。但对这一案例的匆匆一瞥，并不能帮助我们明白其症状的真实含义。在仔细询问当事人后，我们发现他并非对马匹存在某种不确定的恐惧，而是有着某种特定的恐惧心理，即害怕马匹会咬他。但是，这一情节逃离了意识层面，转而被某种不确定的恐惧症所取代。在这其中，只有恐惧及其对象出现。那这些内容就是症状的实质吗？

随着精神分析工作的展开，小汉斯的整个心理状态被呈现在我们面前。假如我们不关注这些信息，就根本无法取得任何进展。当时，他正处于对父亲爱恨交加的阶段：他原本深爱着父亲，但因为母亲的缘故，他的情感出现了分裂，俄狄浦斯情结在对父亲的忌妒和憎恨中表露无遗。也就是说，一种矛盾冲突——有着充分根据的爱和几乎同样合理的恨，出现在了同一个人身上。他的恐惧症，极可能是解决这种矛盾的尝试。这样的矛盾冲突其实十分常见，我们都熟知它的另一种典型结局：在两股相互斗争的冲动中，一股冲动（往往是柔情）骤然增强，另一股冲动消失不见。只不过，这种过于庞大且具有强迫性的柔情，反倒提醒我们它不是唯一存在的冲动。它必须时刻留神，保持对对手的压迫，这一过程，被我们称作由（自我中）反向作用所引起的压抑。在以小汉斯为代表的这类案例中，并没有出现反向作用的情况，由此可见，矛盾冲突的出路其实不止一条。

同时，我们肯定也注意到了一些别的现象。被压抑的欲望冲动，是对父亲的敌意。在探寻"咬人的马匹"究竟有何所指时，分析结果为我们提供了依据。小汉斯曾看见马匹跌倒，也曾在跟小伙伴玩"马儿快跑"的游戏时，目睹对方跌倒受伤。所以我们有理由认为，小汉斯可能有一种让父亲像马匹和小伙伴那样跌倒受伤的愿望冲动。他在一次动身时被观察到的表现，也不禁让人猜想，他有时候会毫不犹豫地表达让父亲消失的愿望。这样的愿望，其实也就意味着他具有俄狄浦斯情结中的谋杀冲动，想要除掉自己的父亲。

到目前为止，我们还没能在被压抑的欲望冲动和我们所猜测的马匹恐惧症的替代作用之间建立联系。我们不妨去掉幼年和矛盾这两个因素，简化小汉斯的心理状态。假设他是一位年轻的仆人，爱上了自己的女主人，也从她那儿得到了一些信物。与此同时，他对比他强大的男主人心怀恨意，一心想要除掉他。这一认识最为自然的后果，就是害怕男主人的报复，所以他会对男主人心生恐惧——这一心理状态和小汉斯对马匹的恐惧症极为相似。也就是说，我们不能把由恐惧症引发的恐惧视为症状，假如小汉斯是因为爱上母亲而害怕父亲，那我们就无权认为这是一种神经症或恐惧症。这无非只是一种容易理解的情绪反应。使之成为神经症的，恰恰是这个病例的另一个特征：用马匹来替代父亲。这一转移作用所产生的内容，才是真正的症状。这一解决矛盾冲突的另一种机制，并没有借助反向作用。它之所以能够成立，完全得益于在那个幼小的年纪里，与生俱来的图腾思维痕迹还很容易被重新激活。小汉斯还没有意识到人与动物之间的鸿沟，至少这一差别还不像后来那样被过于强调。在他眼里，让他感到羡慕和害怕的成人与那些大型动物并无本质区别，他虽然羡慕那些动物，但又被警告不许过于接近它们，因为它们太过危险。所以，矛盾冲突并没有同时作用于同一个人身上，一种冲动被转移到了另一个替代对象身上，从而巧妙地避免了冲突。

迄今为止，一切都一目了然，但在另一个方面，对小汉斯恐惧症的分析则很令我们失望。引发症状的扭曲，并不作用在需要被压抑的欲望冲动的代表（认识内容）身上，而是作用于与其完全不同的，只不过是对自身不受欢迎的事物做出反应的内容。假如小汉斯因为害怕马匹，出现了虐待、殴打马匹的倾向，或是明显表现出希望马匹跌倒、受伤乃至抽搐而死的愿望（参见小汉斯“用抖腿表示抗议”的行为），那我们的期望也算得到了证实。他的确有过这样的行为，但这在他的神经症中根本不重要。有趣的是，如果他真的表现出这种针对马匹而不是父亲的敌意，并将其发展成它的主要症状，那我们反倒不会觉得他有神经症。所以，肯定有什么东西出了问题：要么是我们对压抑作用的理解，要么是我们对症状的定义。有一件事很快引起了我们的注意：假如小汉斯真的在马匹面前有这番表现，那就意味着压抑作用丝毫没有改变欲望冲动富有攻击性的一面，而只是改变了它的作用对象。

可以肯定的是，在有些案例中，压抑作用只能做到这些；但在小汉斯形成恐惧症的过程中，还发生了更多的事情。从另一段分析中，我们还能猜测到许多东西。

我们已经说过，害怕被马匹撕咬的想法，构成了小汉斯恐惧症的主要内容。后来，我们又了解到了另一种动物恐惧症案例的形成过程。在这个例子中，狼是引发恐惧的动物，但同时也具有替代父亲的意义。在做完一个梦后，一个男孩害怕自己会像童话里的七只山羊那样被狼吃掉。后来通过分析，我们终于明白了这个梦的前因后果。小汉斯的父亲曾经跟他玩过“马儿快跑”的游戏，这一定是他害怕“马匹”这一动物的原因。同样，那位二十多岁才接受精神分析的俄国患者的父亲，在与他儿子玩耍时，曾经假扮过大灰狼，还作势要吞掉他。后来，我又有了第三个案例，主角是一个年轻的美国人。他虽然没有产生动物恐惧症，但正是因为这一点，反倒有助于我们理解其他案例。年幼时，从别人那儿听来的一个儿童幻想故事，引发了他的性冲动。这个故事的内容，是一个阿拉伯首领追捕一个姜饼小人，并准备将他吞食。他把自己看成了那个小人，而首领显然就是父亲的替代者，这段幻想故事成了他自体享乐的基础。被父亲吞食的想法，是典型、原始的儿童素材，无论是在神话（如克罗诺斯的故事）还是动物故事中，都能找到类似的情形。

尽管以上种种迹象都印证了我们的观点，但在我们看来，这一念头依然十分奇特，根本不像是小孩子会有的想法。我们不知道他所说的话是否的确想表达那层意思，也不明白他为何会患上恐惧症。但精神分析的经验可以为我们带来想要的信息。它让我们明白，被父亲吞食是一种被动的柔情发生退化式降格的结果。这种柔情追求的目标，是让一个人成为他父亲生殖器之爱的作用对象。对这一案例病史的追踪，也进一步夯实了这一解释的正确性。一旦温柔的目的被用从口腔力比多阶段到施虐力比多阶段这一过渡时期的语言表达出来，生殖器冲动自然不会再将它暴露在外。那么，这一切仅仅是用退化的表达取代了欲望的代表，还是作用于生殖器的冲动的确在自我之中发生了退化式的降格呢？这一俄国“狼人”的病例，恰恰为相对更严肃的后一种可能性提供了佐证。因为从那个具有决定性意义的梦开始，患者就开始变“坏”，变得残忍，具有施虐倾向，直至最后患上强迫症。无论如何，我们发现，压抑作用不是自我抵抗不受欢迎的欲望冲动的唯一手段。如果它能使欲望发生退化，那么实际上还会对欲望造成比压抑作用更大的损害。只不过，在退化作用发生后，有时仍会紧接着产生压抑作用。

“狼人”的案例和相对简单的“小汉斯”的案例，当然也会引发一些别的思考，但我们已经取得了两项始料未及的发现。在这类恐惧症中，被压抑的欲望冲动肯定是对父亲的敌意。可以说，压抑的具体方法是使人物关系发生反转，父亲对当事人的攻击性（报复），取代了当事人对父亲的攻击性。由于这样的攻击性显然根植于施虐性的力比多阶段，它必须被降格到口腔性欲阶段。小汉斯被咬就暗示了这一过程，那个俄国人被狼吞食更是明显地体现了这一点。除此之外，分析还打消了各类疑虑，确定了一件事情：还存在着另一种遭到压抑的欲望冲动，它是反作用于父亲身上的被动柔情，已经达到了力比多的（男性）生殖器阶段。对于压抑过程，后者似乎有着更为重要的影响。它的退化更为彻底，所以也对恐惧症的内容起着决定性的影响。所以，当我们探究对欲望的压抑作用时，必须承认有两个过程同时出现。这两种欲望冲动——对父亲施虐般的攻击性和被动的柔情，构成了一组对立面。另外，如果我们对“小汉斯”的案例有着正确的评价,那我们就必须认识到,随着恐惧症的形成,它对母亲的对象占有也随之消失了——尽管恐惧症的内容中并未透露这一点。在“小汉斯”这个例子中，压抑过程涉及俄狄浦斯情结的几乎各个要素，包括患者对父亲的敌意和柔情，以及他对母亲的柔情。在那位俄国患者身上,这一切反倒并不明显。

我们其实只想研究压抑作用引发症状形成的简单案例，为了实现这一目的，我们把注意力集中到出现时间最早、看来再透明不过的童年神经症身上。但以上种种，反倒把事情给搞复杂了。我们发现的不是一种压抑作用，而是一堆压抑作用，还跟退化作用发生了联系。或许，我们把这两个动物恐惧症案例（“小汉斯”和“狼人”）一概而论的做法，也更加混淆了我们的视线。现在我们发现,这两个案例还是存在一定差别的。只有在小汉斯身上，我们才可以肯定地说，他的恐惧症是俄狄浦斯情结两大欲望（对父亲的攻击性和对母亲的过度依恋）所引发的后果。对父亲的柔情，当然也在他身上存在，它在压抑对立物的过程中，起着重要作用。但我们既无法证明它强大到足以引起压抑作用，也无法证明它后来消失了。小汉斯似乎是一个有着“正向”俄狄浦斯情结的正常男孩。当然，可能有一些我们没发现的因素其实在它身上起作用，但我们无法让它们现身。即便做了最为深入的研究，我们的素材依然存在空缺，我们的记录仍然不够完整。在那位俄国患者身上，缺陷存在于另一个地方。由于早年间曾遭人诱奸，他与女性对象的相处存在障碍，消极、女性化的一面在他身上表现得尤为明显。对其狼之梦的分析，显示出他很少对父亲表现出有目的的攻击性，而且证据确凿地表明，遭到压抑的是他对父亲被动的柔情。当然也可能有别的因素参与这个过程，但它们没有被发现。这两个案例有着如此之大的差别，几乎形成了对立面，但最后的结果都是恐惧症，所以我们必须从另一个角度寻找解释。这就是我们这一简单对比研究的第二项结论。我们认为自己发现了两个案例中压抑作用的动力来源，而且它的角色也可以在两个孩子的成长过程中得到证实。这两个案例的动力来源，都是害怕被阉割的恐惧。由于害怕被阉割，小汉斯放弃了对父亲的攻击性。他担心马匹会咬他，其实完全可以理解成马匹会咬下他的生殖器，也即将他阉割。同样因为对阉割的恐惧，那个俄国小孩也放弃了做父亲性对象、为他所爱的愿望。因为在他的理解中，实现这层关系的前提，是牺牲让他有别于女性的生殖器。无论是正常、活跃的俄狄浦斯情结，还是反向的俄狄浦斯情结，都受到阉割情结的制约。那个俄国人害怕被狼吃掉的恐惧念头，虽然并没有直接指向阉割——因为它退化到了与生殖器阶段相差较远的口腔性欲阶段——但对他梦境的分析，却毫无疑问地证实了这一点。阉割这层含义在恐惧症的语汇中不再出现，这也是压抑作用的功劳。

于是，我们得出了一个出乎意料的结论：在两个病例中，压抑的动力都是对阉割的恐惧。恐惧的内容（害怕被马匹吃掉或被狼吞食），都是“害怕被父亲阉割”这一思想经扭曲后的替身。被父亲阉割这一念头，才是真正被压抑的内容。在那位俄国患者身上，它表现为在男子气概面前不愿继续存在的愿望；在小汉斯身上，它表现为把攻击性转换为其对立面的反应。但作为恐惧症实质的恐惧情绪，不来自压抑的过程，也不来自被压抑冲动的力比多占有能量，而是来自压抑的实施者本身。动物恐惧症所表现出的恐惧，是未经转移的阉割恐惧，也就是说：它是一种现实性恐惧，恐惧的对象是真实存在或被视作真实存在的危险。在这种情况下，恐惧引发了压抑，而不是如我从前所说的那样，是压抑引发了恐惧。

虽然这样想可能给人带来不快，但一味否定它也没有什么益处。我曾反复强调：压抑作用将欲望的代表扭曲、转换，而欲望冲动的力比多则转变成了恐惧。我们研究恐惧症，原本是为了证实这句话，但它不但没有起到这个效果，反倒直接与它产生了矛盾。动物恐惧症是自我的阉割恐惧，较少被研究的广场恐惧症则似乎是一种诱惑恐惧，其形成机制与阉割恐惧相关。放眼望去，大多数恐惧症都是自我在力比多的诉求面前表现出恐惧的结果。自我的恐惧态度，一直是首要问题，也是压抑的推进力。恐惧从不来自被压抑的力比多。从前，我满足于主张一点：在压抑作用发生之后，恐惧取代了人们所期待的力比多表现。现在，我也不想收回这句话。这一描述是正确的：在将要受到压抑的冲动强度和最终的恐惧强度之间，可能存在我所声称的这种相似性。但我必须承认，当时我认为自己不仅仅是在进行描述，还发现了将力比多直接转换为恐惧的心理玄学过程。这一点，我现在不敢继续笃定坚持。何况，从前我也说不清这一转换是如何形成的。

那么，这种力比多转换为恐惧的想法究竟从何而来呢？它源自我们还在区分自我过程和本我过程的遥远时期，以及对现实性神经症的研究。我发现，性交中断、勃起乏力和强制禁欲等特定的性表现，都会引起恐惧的爆发和积聚。也就是说，这一过程往往发生在性冲动的满足受阻、中断或被转移的时候。由于性冲动是力比多欲望冲动的表现，那我们不妨大胆设想，力比多正是由于这些障碍的存在，转化成了恐惧。这一观察结果至今依然有效，另一方面，我们也无法否认：由于压抑作用的存在，本我过程的力比多遇到了阻碍。所以，我们依然可以说：在压抑过程中，欲望冲动的力比多占有可以生成恐惧。但恐惧症的恐惧是一种自我恐惧，它诞生于自我而非压抑作用之中，反倒引起了压抑作用。这又该作何解释呢？在它与前者之间，仿佛产生了一个不易调和的矛盾。将两种恐惧的来源合二为一，并不是一件容易执行的事情。我们只能试着假设：在性交受阻、勃起中断和禁欲的情况下，自我察觉到了危险，便以恐惧应对。但这样其实说不太通。另一方面，我们对恐惧症的分析似乎的确不容修正。真相实在扑朔迷离啊！

5

我们原本想研究症状的形成和自我对症状的次级反抗，但选择恐惧症作为研究目标，显然没能为我们带来好运。在恐惧症中占据主导地位的恐惧，反倒起到了掩盖真相的作用。但也有许多神经症不会表现出恐惧。真正的转换性歇斯底里症就属此类，它的症状即便表现得尤为严重，也不会引发丝毫恐惧。这一事实提醒我们，不应把恐惧和症状的形成联系得过于紧密。在其他方面，转换性歇斯底里症和恐惧症其实十分相似，所以我认为可以把它们都归入“恐惧性歇斯底里症”的行列。但还没有人能说清楚究竟一个病例在何种条件下会发展成转换性歇斯底里症，又在何种条件下会发展成恐惧症，也就是说，还没有人弄清歇斯底里症中恐惧产生的条件。

转换性歇斯底里症最为常见的症状，包括运动性瘫痪、挛缩、行为或排泄失禁、疼痛和幻觉。它们都是固定或间歇性的占有过程，这也为我们的解释带来了新的困难。对于这些症状，我们其实所知甚少。通过分析，我们知道了它们替代哪些受阻碍的刺激过程。它们往往也会参与到过程之中，仿佛这一过程的所有能量都集中到了这一个点身上。压抑作用的过程伴随着疼痛，幻觉曾经也是一种直觉。运动性瘫痪是对每种情形下应该执行却遭到阻碍的行动的抵抗，挛缩通常是原本应该在另一处发生的肌肉刺激发生转移的结果，痉挛则是摆脱自我正常控制的情绪爆发。伴随着症状的诞生，各种各样的不快感受以惊人的方式交替出现。在某些永久的、影响机体运动性的症状中，不快却毫不存在，瘫痪和挛缩就属此类。自我表现出一副与它们毫不相干的样子。在那些间歇性发作或与感觉相关的症状中，人们通常能感觉到明显的不快，在疼痛中，这种不快将达到登峰造极的程度。在这些状况中，我们很难找出造成差异的原因，并就此给出一致的解释。在转换性歇斯底里症中，我们也很少观察到自我与症状做斗争的现象。只有当某个身体部位的疼痛感成为症状的时候，它才能发挥双重作用。当这一部位被从外部触摸时，疼痛症状肯定会出现。如果它所代表的病理状况因来自内部的联想而被激活，疼痛症状也会出现，自我会采取预防措施，防止症状被外部感受所唤醒。在转换性歇斯底里症中，症状形成的过程为何会如此模糊，我们不得而知，但这也促使我们赶紧离开这个毫无收益的领域。

我们把目光转向强迫症，希望借助它获得对症状形成更好的了解。强迫症的症状，通常表现为两种相对的倾向。它或显现为禁令、预防措施、处罚等消极行为，或表现出往往以象征形式出现的替代性满足。在这两种倾向中，消极、抵抗和惩罚的一面更为古老；随着病情的延续，无视一切抵抗措施的满足逐渐占据了上风。如果一个症状在形成过程中成功地把禁令和满足联系在一起，让抵抗的命令或禁令具有了满足的意义，这绝对是它的一大胜利。在这一过程中，它往往会使用一些人为的联系方式。这一成就也表明，自我存在综合的倾向，这一点我们之前已经提到过。在极端情况下，患者会让他的大多数症状保留原始的含义，甚至形成直接的对立，这也证明了矛盾心理的强大。不知为何，矛盾心理在强迫症中扮演着尤为重要的作用。在最极端的例子中，症状具有两面性，也就是说，在执行某一指示的行为出现后，紧接着又会出现第二种禁止这样做的行为。即便它不敢直接与前者对抗，那至少也会要求把一切恢复原状。

匆匆遍览强迫症的症状之后，我们大致有了两种印象。第一，针对被压抑事物的斗争仍在进行，但局势正在朝着不利于压抑实施着的方向发展；第二，自我和超我在很大程度上参与了症状的形成过程。

强迫症或许是精神分析最有趣、性价比最高的研究对象，但它也仍然是一个尚未被攻克的难题。要想对它的本质有更为深入的了解，就必须做出一些不确定的假设和未经证实的猜测。强迫症的起源正是歇斯底里症，它是对俄狄浦斯情结的力比多诉求做出必要反抗的结果。在每一种强迫症的背后，也都能找到极早时期形成的歇斯底里症症状。但在一种体质因素的影响下，接下来的发展出现了决定性的变化。力比多的生殖器阶段过于虚弱，缺乏抵抗力。所以如果想要追求反抗，就必须先从（男性）生殖器阶段全部或部分回归较早的施虐—肛门性欲阶段。这一事实性的退化，决定了接下来所发生的一切。

我们还可以考虑另一种可能性。或许，退化不是因为体质因素，而是时间因素。它之所以成为可能，不是因为力比多的生殖器阶段太过虚弱，而是因为自我的反抗出现得太早，它其实还发生在施虐阶段的鼎盛时期。在这个问题上，我还不敢做出肯定的判断，但精神分析的观察结果，其实对这一假设十分不利。它表明，在强迫症出现时，人已经开始进入（男性）生殖器阶段。强迫症爆发的年龄（潜伏期结束后的第二童年时期），往往也比歇斯底里症爆发的年龄要晚。我还曾研究过一个强迫症很晚爆发的案例，它清楚地表明：原本正常的性生活第一次真正受挫，才是导致退化和强迫症出现的真实原因。

我在“欲望的分离”中，找寻退化的心理玄学解释。也就是说，随着生殖器阶段的开始，性成分被从欲望中剥离，转而参与施虐阶段的破坏性对象占有。

强制进入退化状态，是自我在反抗力比多诉求过程中取得的第一场胜利。在这里，我们刻意把“反抗”这一普遍倾向和“压抑”进行了区分，因为压抑只是反抗的一种机制。与正常案例或歇斯底里症案例相比，我们在强迫症身上或许可以更好地认识到：阉割情结是反抗的动力，俄狄浦斯情结的追求是反抗的对象。我们所说的这一切，都发生在潜伏期开始之初，俄狄浦斯情结的沦落，超我的产生和加强，以及自我中道德和审美限制的出现，正是这一时期的标志。在强迫症中，这些过程表现得尤为强烈。为了毁灭俄狄浦斯情结，力比多出现了退化性的降格，超我变得尤为严厉和冷酷，而自我为了顺从超我的意志，形成了强烈的反向作用，变得尤为认真、仁慈和纯粹。在这种近乎无情，却也因此不能一直生效的严酷性面前，诱使人继续像幼儿时期那样进行手淫的想法遭到唾弃。于是，它一面依附于退化（施虐—肛门阶段）的念头，一面则代表着生殖器阶段中不可战胜的部分。这就好比为了保持男子气概（阉割恐惧），任何表现出男子气概的行为都要被禁止。这一内在的矛盾性，在强迫症中表现得尤为夸张，甚至已经与消除俄狄浦斯情结的正常方法结合在了一起。物极必反这个道理，也同样适用于强迫症：被压抑的手淫，反倒以强迫行为的方式，朝着满足的方向靠近。

我们认为，强迫症患者自我中的反向作用，是正常性格形成被夸张之后的结果。它可被视作继退化作用和压抑作用之后，一种新的反抗机制。它在歇斯底里症中似乎不存在，或是非常微弱。回过头来，我们可以对歇斯底里症的反抗过程做一番猜测。看起来，这一过程仅限于压抑作用，自我从一些令人不快的欲望冲动中离开，把它们交给潜意识过程处置，不再关心其命运。这一观点可能并不完全正确，因为我们知道在某些案例中，歇斯底里症状同时也是超我惩罚要求的满足。但是，它或许也反映了自我行为的普遍特征。

人们可以接受“强迫症中出现了严苛的自我”这一事实，或认为力比多的退化才是这一情绪的核心，并尝试把超我和它联系在一起。实际上，超我源自本我，也无法摆脱本我中出现的退化和欲望分离。所以，如果它比平常更加严厉、残酷、冷漠，也根本不足为怪。

潜伏期的首要任务，是抵御手淫的诱惑。这场战争引发了一系列症状，它在不同的人身上有着不同的典型表现。但总体来看，这些表现都具有仪式感。遗憾的是，它们尚没有被整理，也没有得到系统的研究。作为最早期的神经症表现，它们应当能为理解神经症的症状形成机制带来许多启示。在它们身上，已经出现了病情加重的征兆：它们往往停留在一些日常事务中，如梦游、洗澡、穿衣、走路等，并表现出反复和浪费时间的倾向。这一切如何发生，我们还不是很清楚，但肛门性欲要素的升华，一定在其中起了重要作用。

青春期在强迫症的发展中写下了划时代的一章。童年时期中断的生殖器阶段，此时卷土重来。但我们也知道，儿时的性发展决定了青春期这一新开始的方向。也就是说：一方面，早期的攻击性冲动被重新激活；另一方面，新的力比多冲动或多或少——若情况不佳，甚至是全部——会通过退化作用，走上既定的道路，以攻击性和破坏性的面貌出现。既然性追求这般改头换面，自我的反向作用又如此强烈，与性欲的斗争便在道德这面大旗的指引下继续展开。面对从本我中涌入意识的残暴要求，自我在惊讶之余只得奋力反抗，却没有意识到自己是在与性愿望对抗，其中还包括那些支持其反对意见的愿望。因为性欲获得了令人不快的形式，严苛的超我继续不断打压它。于是，强迫症的冲突就在两个方向表现得尤为突出：反抗者越来越缺乏隐忍，被反抗的对象也越来越不堪忍受。这两种表现，都是力比多退化影响下的结果。

我们这一假设的前提，是冷漠的强迫观念基本处于意识之中，这一点，难免有自相矛盾之嫌。但毫无疑问，这些强迫观念此前已经经历了压抑的过程。在多数情况下，自我并不知晓攻击性欲望冲动的实际意图。经过大量的分析工作，我们才得以使它们进入意识之中。能进入意识之中的事物，通常是经过扭曲的替身——它要么具有模糊的、梦境般的不确定性，要么披着荒唐的外衣，不会轻易被人看透。即便压抑作用没有伤及攻击性欲望冲动的实质，那它也必然清除了与之相伴的情感特征。于是，在自我的眼里，攻击性并不表现为一种冲动，而像患者们所说，只是一种令人毛骨悚然的“念头”。最奇特的是，情况其实并非如此。

在感知强迫思想过程中被忽略的情感，又在别的地方出现了。超我表现得好像压抑作用不存在，仿佛它对攻击性冲动的内涵和情感特征均有充分的了解，并以此为前提与自我相处。自我一方面知道自己是无辜的，另一方面却也感受到了一种负罪感和难以名状的责任感。但是，这个谜团其实远没有表面看上去那么神秘。超我的行为很容易理解，自我的矛盾仅仅表明，它虽然通过压抑作用将自己与本我隔离了开来，却又完全受到超我的影响。有人或许会问，自我为何不尝试摆脱超我折磨人的批判？实际上，在许多案例中，自我的确在这样努力。一些强迫症患者的确没有任何负罪感，据我所知，自我通过一系列症状、惩罚行为和自我限制，成功避免了负罪感的出现。但与此同时，这些症状也是受虐欲望冲动的满足，正是在退化过程中，这些冲动得到了加强。

强迫症的表现纷繁芜杂。迄今为止，我们不能很好地总结这诸多分支的共性。我们努力强调一些典型的关系，却也生怕因此忽视了那些不那么重要的规律。

刚才，我已经总结过强迫症形成过程中的一些普遍倾向。它的目标，是以拒绝为代价，为替代性满足提供更多的空间。原本代表自我限制的症状，伴随着自我综合化倾向的出现，也开始具有满足的特征。毫无疑问，后一种趋势正变得越来越重要。这一过程的发展趋势，是让最初的防御追求彻底走向失败。这样做的结果，是极度受限、只能在症状中寻求满足的自我。为了便于获得满足，自我中的力量关系发生了转变，这最终将导致我们所不愿看到的自我意志瘫痪。因为自我每做一个决定，都会面临来自两方面、强度几乎相等的推动力的夹击。本我和超我之间无比尖锐的冲突，从一开始就笼罩在疾病之上，它的影响范围可以变得如此广泛，以致自我无法起到调和作用，它所做的任何努力也都不可避免地会被卷入冲突之中。

6

在这些斗争中，我们可以在自我中观察到两种引发症状的行为。它们尤为值得我们注意，因为它们显然是压抑的替代物，所以也能反映压抑的倾向和技术。或许我们还可以强调一点：这些辅助和替代性手段的出现，恰恰说明正常的压抑作用正面临一些阻碍。何况相比歇斯底里症，强迫症中的自我更能体现症状形成的过程。它与现实和意识的联系更为坚固，并为此投入了它所有的智性手段。思考过程有着过于强大的占有能量，并表现出性欲化。凡此种种，或许可以帮助我们更好地理解压抑作用的这类变化。

我所说的这两种技法，一是消除，二是隔离。前者有着广泛的应用领域和悠久的历史。它是一种消极的魔法，试图通过运动式的象征手法，不仅“吹走”一件事情（印象、经历）的后果，甚至也“吹走”其本身。我特地挑选“吹走”一词，是为了强调这种技法不仅在神经症中起作用，还在魔法行为、民俗习惯和宗教仪式中有着广泛的应用。在强迫症中，消除首先表现为双相症状，即第二种行为抵消了第一种行为，从而好像什么都没发生过。而实际上，两种行为都发生了。消除行为的目的，也是强迫症仪式的第二重原因。它的第一重原因是“谨慎”，即提防某些特定事情的发生和重复。两者之间的区别很容易理解：那些预防措施是理性的，而凭借消除行为实现的“抵消”则是非理性的，它具有魔法的性质。我们当然会猜测，后者更为古老，它源自人们对周围环境的泛灵论态度。当一个人决心把某件事情当作“从未发生”，那消除的努力就成了一项正常的追求。但是，人们通常不会矫枉过正，只会对一件事情及其原因置之不理。可在神经症中，患者想要抵消过去，并积极地用行动去压抑它。这一倾向也可以解释神经症中常见的强迫性重复，它的出现，也让一些相互矛盾的意图聚集在了一起。那些没有如期发生的事情，将会以另一种方式被重复，从而最终被消除。而所有的动机，都会在重复的过程中逗留。在神经症进一步发展的过程中，消除创伤经历的倾向，往往是引发症状的头号动机。于是，我们出乎意料地了解了一种全新的、运动式的防御技法。假如我们置轻微的差别于不顾，也可称其为一种压抑技法。

我们所提到的另一种技法——隔离，是强迫症所独有的。它也涉及运动领域，其主要表现如下：在不受欢迎的事情，即对神经症有着重要意义的行为发生之后，出现了一个间歇期。在这一时期，什么都不允许发生，患者既没有感受，也没有采取任何行动。这一行为初看十分怪异，但我们很快就会发现它与压抑作用的联系。我们知道，在歇斯底里症中，创伤性的印象可以被遗忘，在强迫症中，这一过程往往不会成功。创伤性事件没有被遗忘，但它被夺去了情感，它的联想关系遭到压制乃至中断。所以，它显得孤立无援，也不会在思想过程中再现。这种隔离作用的效果，与遗忘症的压抑作用毫无二致。压抑这种技法，在强迫症的隔离中再现，而且其不可思议的目的也得到了运动的加强。由此被分离开来的事物，正是被联想所维系在一起的事物，运动式的隔离，保证了思想中联系的中断。正常集中注意力的过程，为这一神经症行为提供了借口。那些受我们重视的印象和任务，不应被同时出现的其他思考过程或行动所提出的要求干扰。但即便是在正常情况下，集中注意力也不是为了远离那些无关痛痒的、不相干的事物，而是为了避免不恰当的矛盾。最容易给人造成困扰的，恰恰是那些从前联系在一起、后来在发展过程中相互分离的事物。例如，在一个人与上帝的关系中，其父亲情结的矛盾心理突然有所表露，或者在爱情刺激的过程中，他的排泄器官突然感受到了冲动。因此，自我通常需要做许多隔离工作，来对思想过程进行引导，我们也知道，在执行精神分析技法的过程中，我们必须教育自我暂时放弃这一原本完全合理的功能。

我们都发现，强迫症患者很难遵循精神分析的基本规则。这或许是因为，由于其超我和本我冲突激烈，他的自我更为警醒，其隔离功能更为彻底。在思考过程中，自我需要抵御太多的东西，其中既包括潜意识幻想的干涉，也包括矛盾追求的表现。它不敢松懈片刻，随时做好战斗的准备。它以不可思议的隔离行动，对集中和隔离的强迫施以援手。这些隔离行动以症状的形式出现并引人注意，它们具有很强的实用价值，但本身是没有意义的，更多只是一种仪式。

但自我既然要阻止思想中的联想和联系，就必须遵循强迫症中最古老也最原始的要求，即触碰的禁忌。那么，避免触碰、联系和传染为何能在神经症中起着如此重要的作用，并形成如此复杂的体系呢？答案是，触碰和身体接触的首要目标，就是具有攻击性或柔情的对象占有。爱欲渴求接触，因为它追求消除自我及其所爱对象之间的空间距离，让两者融为一体。同样，在远程武器发明之前，破坏也必须以近距离的身体接触，即用手去触碰对方为前提。在我们的语言习惯中，碰一个女人是将她当作性对象的委婉表达。禁止触摸生殖器，也就意味着禁止自体享乐。强迫症起初禁止爱欲接触，在退化发生后又禁止伪装成攻击性的接触，没有什么比接触更遭到它唾弃，也没有什么比接触更适合成为禁令体系的焦点。隔离却要消除一切接触的可能性，使得事物与外界断绝一切联系。如果神经症患者以引入间歇期的方式，隔离某种印象或行为，那就是在以象征性的方式告诉我们，他不想让自己的想法与其他思想产生任何联想性的接触。

以上就是我们对症状形成过程的研究。我们几乎无须花费时间对其进行总结。我们的研究几乎没有取得什么成果，且并不完整，也几乎没有揭示任何我们未知的新内容。再去研究除恐惧症、转换性歇斯底里症和强迫症之外的神经症症状形成过程，也没有太好的前景，因为我们对它们知之甚少。通过对这三种神经症的了解，我们已经遇到了一个至关重要、不能再拖延的问题。这三种疾病的后果，都是俄狄浦斯情结遭到破坏，其中自我的反抗动力，都来自阉割恐惧。但只有在恐惧症中，这种恐惧才浮出水面，并为患者所承认。那么在另两种疾病中，阉割恐惧又经历了怎样的变化呢？自我如何避免了这种恐惧？如果我们想到，恐惧可以通过某种“发酵作用”，从受阻的力比多占有中诞生，那这个问题未免又尖锐了几分。另外，我们是否可以确定阉割恐惧就是压抑（或防御）的唯一动力？联想到女性的神经症，我们不免要对此产生怀疑，因为虽然女性身上必然存在阉割情结，但她们阉割的过程毕竟已经完成，所以很难说她们依然具有真正意义上的阉割恐惧。

7

现在再回过头来看幼儿的动物恐惧症，我们必将对其产生更好的理解。在这种情况下，自我必须反抗本我（正向或反向的俄狄浦斯情结）的力比多对象占有，因为它很清楚，如果屈从于这股力量，就有被阉割的危险。我们此前讨论过这种情况，但留下了一点疑问有待澄清。在小汉斯的例子（正向俄狄浦斯情结）中，究竟是对母亲的柔情，还是对父亲的敌意（攻击性）引发了自我的反抗？从实用角度看，这其实并无差别，何况这两股冲动还经常相互扶持。但从理论角度看，这个问题却十分重要，因为只有对母亲的柔情是纯粹的爱欲情感。攻击性本质上与破坏欲望相关，而我们却一直认为，在神经症中，自我反抗的是力比多的要求，而不是其他欲望的诉求。实际上我们发现，在恐惧症形成之后，患者和母亲的柔情联系仿佛突然消失了，它彻底地被压抑作用所征服，而症状（替代物）则伴随着攻击性冲动的出现形成。“狼人”这一案例的情况更加简单：被压抑的冲动显然是爱欲冲动，即女性对父亲的态度，而症状也正由此形成。

说来惭愧，在做了这么多工作后，我们在理解最根本的关系时依然遇到困难，但我们已经决心不对任何东西进行简化和隐瞒。假如我们不能对一样事物具有清晰的认识，那我们至少应该弄明白我们所不清楚的事情究竟是什么。在这里对我们造成阻碍的，显然是力比多学说发展过程中的一些磕绊。起初，我们回顾了力比多从口腔性欲阶段、肛门—施虐阶段到生殖器阶段的发展过程，并赋予了性欲望的所有成分同等的地位。后来，我们发现施虐行为代表了另一种与性爱对立的欲望。对于这两种欲望群体的新认识，似乎推翻了之前力比多渐进发展的模式。但摆脱困境的办法，其实唾手可得：与我们打交道的不是纯粹的欲望冲动，而是两种欲望以不同比例掺杂之后的结合体。所以，施虐的对象占有也可被当作力比多的对象占有看待。我们无须对力比多的发展阶段做出调整，对父亲的攻击性冲动也可以像对母亲的柔情一样，成为压抑作用的对象。但无论如何，压抑作用依然可能是一个与力比多生殖器阶段联系尤为紧密的过程，当自我需要对抗其他阶段的力比多时，它或许会采取一些别的抵抗手段——我们暂且把这一可能性放在一边，作为之后研究的素材。因为像“小汉斯”这样的案例，并不能帮助我们做出选择，攻击性冲动虽然在其中被压抑，但那是力比多到达生殖器阶段后的成果。

这一次，我们将时刻关注它与恐惧的联系。我曾说过，自我一旦意识到阉割的危险，就会发出恐惧信号，并借助对快乐—不快的掌控，抑制本我中颇具威胁的占有过程。与此同时，恐惧症也就出现了。阉割恐惧获得了另一个对象，并以扭曲的方式被表现了出来：它表现为被马匹撕咬（被狼吞食），而不是被父亲阉割。这种替代物的产生带来了两点明显的好处：一是避免了矛盾冲突，因为父亲同时也是被爱的对象；二是使得自我得以阻止恐惧的产生。恐惧症的恐惧具有选择性，它只在其对象被感知到时才会出现。这其实很有道理，因为只有这时候才会出现危险的场景。如果父亲不在场，那人们也没有必要害怕被阉割。只不过人们无法摆脱父亲，只要他愿意，就总能随时出现。但如果父亲被动物所取代，那人们只要避免看到这种动物，即不让这种动物在场，就能摆脱危险和恐惧。所以，小汉斯给他的自我施加了限制，他禁止自己出门，是为了不在街上碰见马匹。那个俄国男孩的境况则要好许多，他只是不想再翻阅某本图画书，这算不上太大的牺牲。要不是他的妹妹从中作梗，反复把书中画着一匹挺直身躯的狼的那一页摆在他面前，他原本也可以摆脱自己的恐惧，收获安全感。

从前，我曾说过恐惧症具有投影的特征，它用能被感知到的外部危险替代了内部的欲望危险。这么做的好处，是人们可以通过逃避的方式对抗外部危险，或是避免感受到它的存在，而他们在内部危险面前则无处可逃。我的这一评论并非不正确，但有些流于表面。欲望的要求本身并不危险，只有当它引发了真正的外部危险（阉割危险）后，它才成为一种危险。所以，恐惧症实际上只是用一种外部危险替代了另一种外部危险。在恐惧症中，自我以逃避或受症状阻碍的方式摆脱了恐惧，这恰恰说明恐惧只是一种情感信号，力比多的经济情况并没有发生任何改变。

所以，动物恐惧症的恐惧只是自我对危险的情感反应，它所暗示的危险依然是阉割的危险。它与自我在正常遇险时所表现出的现实性恐惧唯一的差别，在于它的内容依然存在于潜意识之中，只是以扭曲的方式进入了意识。

在我看来，这一观点也同样适用于成人的恐惧症。虽然后者需要加工的素材要丰富许多，促成其症状形成的因素也要增加一些，但两者本质上是相似的。广场恐惧症患者对他的自我施加了种种限制，以逃避某种欲望危险。这种欲望危险，会诱使他追求性欲望的满足，从而让他像儿时那样，重新面临被阉割的危险，或是陷入类似的境地。我可以举一个简单的例子：一个年轻人因为害怕被妓女引诱并因此遭到报应（沾染梅毒），患上了广场恐惧症。

我知道，许多案例有着更为复杂的结构，许多其他被压抑的欲望冲动也是诱发恐惧症的原因，但它们只是旁的因素，后来才与引发神经症的本质因素产生了联系。在广场恐惧症中，自我不满足于回避某种事物，还要通过额外的努力，让危险从某种情况下消失，这就使得广场恐惧症的症状特征变得更为复杂。这番额外的努力，通常是在时间上退化到童年时期（在极端情况下，甚至还可以一路退回到身处娘胎之中、彻底不受外界威胁的时期），只有满足这一条件，逃避才不会发生。所以，广场恐惧症患者可以像孩子那样，在熟人的陪伴下出门。或者，出于同样的考虑，他只能在离开家特定距离的范围内活动，而不能去他不熟悉、没有人认识他的地方。在设立这些规定条件的过程中，儿时的因素产生了影响，并以让他患上神经症的方式控制着他。即便没有这种退化到童年的情况出现，恐惧症的意义也十分明显，它显然是害怕独处，这在本质上是想逃避独自手淫的诱惑。当然，退化到童年的前提，是患者在年龄上已经与童年相去甚远。

一般来说，当一个人在某种特定情况下（在街上、火车上、独处时）经历了恐惧的第一次爆发，恐惧症就出现了。后来，这种恐惧一度遭到禁止，但只要保护条件得不到满足，它又会重新出现。恐惧症的机制是一种很好的抵抗手段，它有着趋于稳定的强烈倾向。在这种情况下，反抗的斗争往往可以延续，但它已经把矛头对准症状，且并非必然出现。

我们对恐惧症中恐惧的理解，也同样适用于强迫症。把强迫症的情形简化为恐惧症的情形，并非一件难事。后来所有症状的形成动机，显然都是自我对超我的恐惧。来自超我的敌意，是自我必须摆脱的危险情形。这里没有任何投影的迹象，危险完全是内在的。但如果我们问，自我究竟为何害怕超我，那答案只能是：来自超我的惩罚是阉割惩罚的延续。正如超我成了非人格化的父亲，由它所引发的阉割恐惧也转化成了不确定的社会和道德恐惧。但自我只要遵从强加给它的要求、规定和惩罚，就能避开这种恐惧，将它遮掩起来。一旦在这一过程中遇到阻碍，它就会感觉到极度不适，从中我们可以观察到与恐惧相对等的事物，而患者本人就把它视为恐惧。所以，我们的结论是：恐惧是对危险情形的反应，如果自我能够以某种方式避开或逃离这一情形，那恐惧就可被避免。我们可以说，症状的出现正是为了避免恐惧的诞生，但这种说法经不起深入的推敲。更准确的说法是：症状的出现是为了避免危险情形，而恐惧的产生就是这种情形出现的信号。在我们研究过的案例中，危险均来自阉割，或是由此所衍生的事物。

如果恐惧是自我对危险的反应，那我们很容易推断，常在死里逃生后出现的创伤性神经症，正是生存或死亡恐惧的直接结果。自我的从属关系及阉割这一因素，此时被抛在了一边。大多数人在观察世界大战后出现的创伤性神经症案例时，都倾向于认同这一观点。他们骄傲地宣称：有证据表明，无须性欲的参与，也无须考虑精神分析的复杂假设，自我保存欲望受到威胁就能引发神经症。迄今为止，对于创伤性神经症尚没有任何有价值的分析，这未免令人遗憾。这并非因为它会与性欲的病源性意义产生矛盾，自从引入“自恋”这一概念之后，对自我的力比多占有和对对象的力比多占有被放在一起考虑，自我保存欲望的力比多本性反复得到强调，所谓的矛盾早已不复存在。令我们感到遗憾的是，由于缺少这类分析，我们错失了彻底解密恐惧和症状形成之间关系的宝贵机会。以我们对日常生活中简单神经症结构的了解，它不太可能只由危险这一客观事实引发，而没有心理装置中更深层次的潜意识内容的参与。但在潜意识中，不存在任何与毁灭生命相关的内容。对阉割的设想，仅仅来自将粪便排出体外或是断奶时失去母亲乳房的日常经历。但与死亡相类似的事物，却从未被经历过，或是如同陷入昏迷时一样，未曾留下任何痕迹。所以我仍然坚持认为，对死亡的恐惧其实与阉割恐惧十分相似，自我要面对的情况，是与保护它的超我（命运的力量）分离，从而失去一切安全保障。此外，我们必须考虑到在导致创伤性神经症的经历中，外部的刺激保护层遭到破坏，过多的刺激量进入心理装置中，于是就出现了第二种可能性：恐惧不仅成了一种情感信号，也从这一情形的经济条件中重新生成。

我们曾经指出，自我通过反复失去对象，做好了遭阉割的准备。这也有助于我们重新理解恐惧。此前，我们一直把恐惧视作危险的情感信号，但因为它经常与被阉割的危险产生关联，我们也可以把它视作对放弃和分离的反应。虽然这一结论很快就会招致反对之声，但一种惊人的相似性很快引起了我们的注意：人类的第一次恐惧体验至少可以追溯到出生的过程。客观地说，出生就是与母体分离的过程，假如我们把孩子等同于阴茎，那它还可以被视作对母亲进行阉割的过程。接下来，如果恐惧作为分离的象征，在每一次分离的过程中反复出现，那自然是再理想不过。可惜，我们并不能这样利用这种一致性，因为完全处于自恋状态的胎儿根本不会把母亲作为一个对象看待。另一种顾虑在于，我们对分离所导致的情感反应有所了解，它带给我们的更多是痛苦和悲伤的感受，而不是恐惧。但我们也记得，在讨论悲伤问题时，我们也曾为它能给人带来如此多的痛楚感到困惑。

8

现在，到了静下心来思考的时候。我们的目标，显然是探索恐惧的本质，通过明确的结论，将真理与谬误区分开来。但实现这一目标有一定难度，因为恐惧并没有那么容易理解。到目前为止，我们仅仅发现了一些矛盾的现象，如果不求助个人喜好，我们根本无法在它们之间做出选择。现在，我建议换一种方法：不带任何成见地逐一罗列我们就恐惧所知的一切，而不奢望将这些内容重新综合到一起。

首先，恐惧是被感受到的事物。我们称之为一种情感状态，虽然我们其实并不清楚什么是情感。作为一种感受，它的不快特征再明显不过。但这显然不是它的全部性质，因为并不是所有的不快都可被称为恐惧。另一些感受（紧张、痛苦、悲伤）也带有不快的特征，所以恐惧除了不快的特性之外，应当还有其他特点。于是问题就来了：我们有能力分辨不同不快感受之间的差别吗？

尽管如此，我们依然对恐惧感受略知一二。它的不快特征有自己的特点：它很难被证实，也并不引人瞩目，但的确可能存在。但除了这一很难分离的特征之外，我们还可以在恐惧现象中观察到与某些特定器官相联系的特定身体感受。因为我们不想研究恐惧的生理学，所以在此仅列举几种具有代表性的感受，如最为常见也最为明显的呼吸器官和心脏感受。它们恰恰证明，运动神经支配，也即释放过程在整个恐惧过程中起着作用。所以，我们对恐惧状态的分析，推导出了三样东西：（1）特殊的不快特征；（2）释放行为；（3）对这些行为的感受。

其中，第二点和第三点正是恐惧和悲伤、痛苦等类似状态的差别所在。后者并不具备动作表现，它们明显与其他状态有别，一看就不是整体的一部分，而是它的结果或对它的反应。而恐惧则是在特定轨道上有着释放行为的特殊不快状态。按照我们一般的理解，刺激的提升是恐惧的基础，这种刺激一方面具有不快的特征，另一方面又能通过释放得到缓解。但我们不满足于这种纯生理学的解释。我们试图假设，某个历史因素将恐惧的感觉和神经支配紧密联系在了一起。换言之，恐惧状态重现了一次经历，这次经历又为刺激量提升、沿着特定轨道释放创造了条件。正是因此，恐惧才有了它的特性。人类的出生，就是这类经历的一个典型范例；因此，我们才倾向于把恐惧状态视作出生创伤的重现。

我们这番论述，并不是承认恐惧在情感状态中占据特殊地位。我们认为，其他情感也是古老、重要乃至个体出生前的经历的重现。我们把它们视作普遍、典型和与生俱来的歇斯底里式爆发，并将它与后天所得的个体歇斯底里症做对比。此前，我们已经分析过后者的起源及其作为记忆标志的意义。最理想的情况，当然是把这种相似性再类比到其他情感类型中，但我们离实现这一目标还相去甚远。

将恐惧追溯回出生的经历，必将招致许多非议，对此我们有必要回应几句。有人会说，恐惧是所有生物、至少是所有高等生物共有的反应，而出生的过程只有哺乳动物才能经历。何况这一过程是否对所有动物都意味着一次“创伤经历”，也是存疑的事情。所以，肯定存在不以出生为典范的恐惧。但这种反对意见已经超越了生物学和心理学的范畴。正因为恐惧是一种生物学意义上不可或缺的功能，是对危险状态的反应，它才在不同的生物体上有着不同的出现方式。我们也不知道，它是否在与人类相去较远的生物中有着与人类相同的感觉和神经支配方式。但这并不妨碍出生成为人类恐惧的典范。

如果以上就是恐惧的结构和起源，那新的问题又来了：恐惧的功能是什么？它会在什么情况下重现？这两个问题的答案是显而易见的：恐惧源自对危险状态的反应，只要这种状态再次产生，恐惧也会反复重现。

但我们还要多补充几句。正如歇斯底里症首次爆发时的肌肉活动那样，原始恐惧状态的神经支配，可能具有特殊的意义和目的。要解释一次歇斯底里症的爆发，人们只需找到会合理引发那些肌肉活动的场景。同样，在出生的过程中，神经支配的方向可能是让呼吸器官做好肺部活动的准备，同时提高心率以对抗血液中毒。后来，当恐惧状态作为一种情感重现时，这种合理性也就没有了存在的必要，歇斯底里症再次发作时也是如此。个体在新的危险状况面前的表现，可能不再具有合理性，他用恐惧作为回应——尽管这一状态其实是对早期危险的反应——而不是针对眼前的危险做出合适的反应。但如果恐惧的爆发警示了危险的临近，那一切又有了合理性。在这种情况下，恐惧很快就会被更为合理的措施所取代。所以，恐惧可能在两种情况下出现：一种是在新的危险状况下，以不合理的方式出现；一种是对新的危险状况起合理的警示和预防作用。

但“危险”究竟是什么？在出生过程中客观存在着生命难以维系的危险，我们当然明白它在现实中意味着什么，但在心理学意义上，这却不能说明任何东西。出生的危险还没有心理学意义上的内涵。我们当然不能假设胎儿知晓自己的生命可能走向终结，他只能意识到自己的自恋力比多在经济上受到了许多干扰。大量的刺激涌入他的身体，引发了新的不快，他的某些器官被迫提升了占有能量水平，这仿佛就像即将开始的对象占有的预演。在所有这些现象中，哪些可被称作“危险状况”的标志？

遗憾的是，我们对于新生儿的心理活动所知甚少，所以无法直接回答这个问题。我甚至都无法坚称，刚才所述的一切都合乎情理。在一切让他回忆起出生经历的场景中，新生儿都会重复恐惧的情感状态——这话说来容易，但重要的是说明这一事件如何引发他的回忆，以及回忆的内容究竟是什么。

除了观察恐惧在婴儿或稍微年长的孩子身上自然形成的过程，我们几乎别无他法。朗克在《出生的创伤》一书中，力求证明儿童最早期的恐惧症和出生经历所留下的印象之间的关系，但我认为他的努力并不成功。人们可以从两方面对他进行反驳：首先，其结论的前提，是孩童在出生时就具有了特定的感官印象，尤其是视觉印象。当这些印象重现时，孩童就会回忆起出生的创伤，从而引发恐惧反应。这种假设毫无根据，也不太可能与现实相符。除了触觉和一般的感觉之外，我们很难相信儿童在出生过程中还有其他感受。朗克认为，孩童日后害怕从洞穴中出入的小动物，是因为这一行为让他们感受到了某种相似性。但实际上，孩童们不会注意到这种相似性。第二，朗克在分析后来的恐惧情形时，根据不同的需要，时而让孩童回忆起在子宫内的幸福生活，时而让他们回忆起创伤性的阻碍，这就为解释的任意性开了后门，甚至是敞开了大门。一些儿童恐惧的实例，直接让他的做法失去了意义。例如，按照朗克的逻辑，一个孩子处于黑暗和孤独之中，相当于回归子宫内的幸福生活，应当感受到满足。而实际上，他却会表现出恐惧，也即回忆起了出生时幸福受阻的场景。由此可见，朗克的解释过于牵强附会，已是不争的事实。

我必须得出一点结论：即便是最早期的孩童恐惧症，也不能追溯到出生时期的印象，实际上，我们目前还根本无法对其做出解释。显然，婴儿对恐惧的诞生做了一定的准备。但这种准备并非刚出生时最强，随后逐渐减弱，而是伴随着孩童的心理发展逐渐显现，并在童年持续存在一段时期。如果这种早期恐惧症持续的时间超过了这一范围，那我们就会怀疑他遇到了心理阻碍，虽然我们并不了解它与儿童期后来出现的、确凿的神经症之间的关系。

能被我们理解的孩童恐惧表现，依然只是少数，所以我们必须把注意力集中到它们上面。例如，当孩子独处，位于黑暗之中，或是发现陌生人取代了熟人（母亲）的位置。这三种情况可以归为一个前提，即惦念所爱（所思）之人。从这时起，我们终于找到了理解恐惧、整合相关矛盾的途径。

起初，对被思念之人的记忆开始变得强烈，甚至会引发幻觉。但这一切没有取得成功。于是，这种思念突然变成了恐惧。我们发现，恐惧似乎是不知所措的表现，仿佛这个心智尚未成熟的小家伙在思念面前，不知该如何是好。恐惧表现为对对象缺失的反应，这不禁让我们联想到，阉割恐惧的内容也是与十分珍视的对象的分离，而且最初的恐惧（出生的“原始恐惧”）同样是在与母体分离时产生的。

但只要稍作思考，我们就不会再强调对象缺失的重要性。婴儿之所以想感知到母亲的存在，是因为过往的经历让他知道，母亲会立即满足他的所有要求。所以他所认为的“危险情形”，就是得不到满足的情况，是那种他所无能为力的迫切需求不断增长的情况。在这种情况面前，他极力想寻求保护。我认为，从这个角度出发，一切都能得到合理的解释。在得不到满足的情形中，刺激量增长到了令人不快的程度，却不能被心理活动控制或得到释放。对婴儿而言，这种情况无疑与出生的经历类似，是危险情形的再现。两者的共同点，是亟须解决的刺激量不断增加所引起的经济性阻碍，这一因素，才是危险真正的“实质”。在这两种情况下，都会出现恐惧的反应。即便是在婴儿身上，这种反应也是合理的：他释放恐惧的方式，是像从前新生儿通过肺部活动释放内在恐惧那样，调动呼吸肌和发声肌呼唤母亲的到来。除了这种危险的标志，出生的过程在孩子身上并未留下更多的痕迹。

等到孩子发现，可被感知的外部对象可以为容易让人联想到出生过程的危险情形画上句号，危险的内涵就由经济性情形转向了对象的缺失。这时，母亲的离开就成了一种危险。一旦出现这种情况，婴儿不等其所害怕的经济性情形出现，就忙不迭地发出恐惧信号。这一转变，意味着婴儿在自我保存的道路上迈出了一大步。同时，它也意味着恐惧完成了从一种下意识、不自觉出现的现象到有意重现的危险信号的过渡。

恐惧无论作为下意识现象还是求救信号出现，都是婴儿心理无助的产物。与心理无助相对应的，自然还有生理上的无助。无论是出生的恐惧，还是婴儿的恐惧，其前提都是与母亲分离。这一明显的共性，根本无须心理学解释，因为它在生物学上就很容易理解：母亲先是用各种身体构造满足胎儿的一切需求，在婴儿出生后，又通过其他一些方式，尽量满足婴儿的需要。子宫内的生活和最早的童年生活，其实一脉相承，而不是像剖宫产所显示的那样一分为二。孩子在心理上把母亲视作对象，以此替代胎儿期的生理环境。所以我们也不应忘记，在宫内生活阶段，母亲对胎儿而言不是对象，而且当时根本就没有对象这个概念存在。

我们很容易发现，在这种情况下，出生的创伤没有发泄的途径。除了作为避免危险情形的信号，我们也找不到恐惧的其他功能。然而，对象缺失对于恐惧还有更为深远的意义。恐惧的下一种形式，也即在生殖器阶段出现的阉割恐惧，也是一种同一条件下的分离恐惧。这里的危险是与生殖器的分离。费伦齐十分正确的思路，使我们认识到了恐惧与早期危险情形所包含的内容之间的关联。阴茎具有高度的自恋价值，这是因为拥有这一器官，就有了与母亲（母亲的替代者）在性交过程中重新结合的保障。一旦被夺去了阴茎，就意味着与母亲再度分离，同时也意味着继出生之后，再次无助地暴露在不快的迫切需求之中。但这种不断增长的需求，不再是婴儿期那种随意的需求，而是特殊的生殖器力比多需求。我还要补充一点：性无能者（因遭受阉割威胁产生性障碍者）用幻想的方式回到母亲的体内，作为性交的替代。按照费伦齐的理念，个体原本希望让生殖器代表自己回归母体，但在退化过程中，他转而用自己整个人替代了这一器官。

儿童的不断成长，其独立性的增强，其心理装置分化成多个中枢的剧烈过程，新需求的出现，不可能对危险情形的内涵毫无影响。此前，我们已经追踪过危险从失去母亲这一对象到阉割的变化过程，下一步变化则来自超我的影响。一个人原本害怕被父母阉割，但随着来自父母的管控越来越非人格化，危险也变得越来越不确定。于是，阉割恐惧发展成了道德恐惧和社会恐惧。现在，已经很难说人们究竟在害怕什么了。“害怕分离，担心被驱逐出族群”的说法，只适用于后期借助社会榜样实现发展的超我，而并没有触及超我的实质——超我实际上是父母管控在内心中的投射。笼统地说，自我其实是把超我的愤怒和惩罚视作危险，它害怕失去超我的关爱，于是就发出恐惧信号作为回应。在我看来，对超我的恐惧最后的变形，就是对死亡（生活）的恐惧，也即害怕投射在命运力量中的超我。

从前我曾一度以为，在压抑过程中被撤回的占有能量可被用于恐惧的释放。但在今天看来，这一表述几乎没有被人知晓的必要。区别在于，从前我以为恐惧完全是下意识出现的经济性过程，而现在我也把恐惧视作由自我为了影响对快乐或不快的掌控有意发出的信号。这样一来，它就不一定是经济性的过程了。我这样说，并不是否认“压抑过程中撤回的能量被用于唤起恐惧”这一观点，只是现在再纠结于是何种能量让这一切发生已经毫无意义。

我曾经说过的另一句话，也需要在这种新观点的视角下被重新审视。当时我说，自我是恐惧的大本营。现在，我依然认为这句话言之有理。没有任何迹象表明，超我曾表现出恐惧。而如果有人说“本我的恐惧”，那我们当然无法反对，只会对这一不恰当的表述做出修正，因为恐惧是一种情感状态，它只能被自我感知。本我不能像自我那样产生恐惧，因为它不是一个组织，没有判断危险情形的能力。相反，较为常见的情况是，本我中孕育和完成的过程，促使恐惧在自我中蔓延。实际上，最早的压抑作用及之后的大多数压抑作用，都是由自我对本我中某个过程的恐惧所引发的。在此，我们有充足的理由，将以下两类情形再做一个区分：一种情况是本我中出现的过程为自我激活了危险情形，从而促使自我发出恐惧信号，阻止危险的出现；另一种情况是本我中出现了与出生的创伤相类似的情形，于是引发了下意识的恐惧反应。假如我们强调，第二种恐惧对应的是最早出现、更为原始的危险情形，而第一种恐惧对应的是由此所衍生出的恐惧先决条件，那在两者之间就能建立更为紧密的联系。或者，我们也可以把它们与真实出现的疾病联系在一起：第二种情况在现实性神经症的病源学中起作用，而第一种情况则是心理性神经症的典型特征。

可以看到，我并没有彻底否定之前的结论，只是将它与新的观点联系在了一起。我们无法否认，在禁欲、性刺激过程遭遇不当阻碍或是性刺激被从心理加工过程中引开的时候，力比多会直接促成恐惧的诞生。也就是说，在过于强大的迫切需求面前，自我会陷入一种十分无助的状态，与出生时一样，这种状态必然导致恐惧的产生。这里，我们有必要注意一种无关紧要、但既成事实的可能性：大量未经使用的力比多，在恐惧形成的过程中得到释放。我们注意到，心理性神经症很容易在现实性神经症的基础上产生，也就是说，自我在学会将恐惧搁置了一段时间后，很可能想要消除它，或是借助症状的形成对它加以约束。“创伤性战争神经症”这一名称固然包含了多种症状，但通过对它的分析，我们或许会发现，它们中的一部分也具有现实性神经症的特征。

我们回顾了各种危险情形从出生这一范例中衍生的过

程，但我们不能就此断言，随着恐惧在后期有了新的产生条件，从前的条件就不再适用了。但是，自我的持续发展的确令从前的危险情形失去价值，退居次要的地位，所以我们可以说：一定的发展年龄对应着相应的恐惧产生条件。心理无助的危险，属于自我尚未成熟的时期；失去对象的危险，属于尚不能独立的幼年时期；阉割的危险属于生殖器阶段；来自超我的危险属于潜伏期。当然，这些危险情形和恐惧产生条件也可以同时存在：自我可能超越自己所对应的条件，因为后期的某个条件产生恐惧反应，或者多个因素也可以同时起作用。另外，在起作用的危险情形和由此产生的神经症之间，可能也存在着更为紧密的联系。[1]

1　自从我们开始区分自我和本我之后，我们对压抑问题又产生了兴趣。此前，我们满足于研究它与自我相关的过程，如将事物隔离在意识之外，禁止它调动机体运动性，并形成替代物（症状）。对于被压抑的冲动本身，我们假定它会在潜意识之中停留一段时间，不发生任何变化。但现在，我们的兴趣转移到了被压抑事物的命运身上。我们发现，这种不发生改变或无法改变的情况，并非不言而喻，甚至有些不同寻常。无论如何，原始的欲望冲动的确受到压抑作用的阻碍，也被迫改变了它的目标。但它的缘由依然被保留在潜意识之中吗？它真的能够抵御不断变化、不断贬低它的生活影响吗？我们的分析证实了旧愿望的存在，但它们现在依然在潜意识中存在吗？准确的答案呼之欲出：被压抑的旧愿望必然还在潜意识之中继续存在，因为由此衍生的症状依然在起作用。但这一回答还不够充分，因为它无法让我们在两种可能性之间做出选择：旧愿望到底是把所有的占有能量都转移给了它的衍生物，只通过后者起作用，还是它自身也依然存在？如果它注定要在衍生物的占有过程中耗尽精力，那又出现了第三种可能性：即便它现在显得那么不合时宜，但在神经症发展的过程中，它可能通过退化作用重新趋于活跃。这番思考绝非多余，健康和疾病心理生活中的诸多现象，都促使我们提出这些问题。在《俄狄浦斯情结的灭亡》一文中，我对单纯的压抑作用和真正消除旧愿望冲动的过程进行了区分。

在这一系列研究的较早阶段注意到阉割危险对多种精神疾病的主要意义时，我们曾告诫自己不应高估这一因素，因为在体质上更容易患上神经症的女性身上，它反倒不是决定性因素。现在我们应当庆幸，没有把阉割恐惧当作诱发神经症的防御过程的唯一动力。我曾在别处研究过阉割情结如何把小女孩引向了柔情的对象占有。恰恰在女人身上，失去对象反倒是最有效的危险情形。所以，我们或许可以对女性产生恐惧的条件稍做修正，因为它不再是缺少或实际丧失某个对象，而是失去了来自对象的爱。既然我们可以肯定歇斯底里症常见于女性，强迫症常见于男性，那我们不禁要猜测：失去爱这一恐惧的产生条件在歇斯底里症中所起的作用，可能与阉割威胁在恐惧症和对超我的恐惧在强迫症中所起的作用类似。

9

现在剩下的问题，就是症状形成和恐惧产生之间的关系。

在这方面，有两种观点极为流行。一种观点认为，恐惧本身就是神经症的症状之一；另一种观点则认为，两者之间的关系还要紧密得多。在持这种观点的人看来，一切症状的形成都是为了逃避恐惧。症状所约束的心理能量，原本应该以恐惧的形式得到释放，所以恐惧是神经症的基本现象和主要问题。

强有力的证据表明，第二种观点至少部分正确。如果一个广场恐惧症患者在别人的陪伴下上街，又被独自一人留在街头，那他的恐惧就会爆发；如果禁止一个强迫症患者在与别人接触过后清洗双手，他也会产生不堪忍受的恐惧，成为它的牺牲品。显然，有人陪伴这一条件和洗手这一强迫行为都是为了阻止恐惧的爆发，而且它们也成功地达到了目的。从这种意义上看，自我所强加给自己的每一重障碍，都可被称为症状。

既然我们认为危险情形是恐惧产生的原因，那就可以说，症状的形成正是为了让自我摆脱危险情形。如果症状形成受到阻碍，那危险就真的出现了。也就是说，出现了一种与出生类似的情景。在这种情况下，自我在持续增长的欲望诉求面前显得十分无助，而这种欲望诉求正是最早、最原始的恐惧产生条件。在我们看来，恐惧和症状之间的关系并没有想象的那么紧密，这是因为我们在两者之间插入了危险情形这一因素。我们甚至可以补充说，是恐惧的产生导致了症状的形成，前者是后者的必要条件，因为如果没有恐惧的出现，自我就不可能唤醒对快乐 / 不快的掌控，也就无法具备阻挡本我中生成的危险过程的能力。在这个过程中，有一种倾向十分明显：产生的恐惧必须被限制在最低水平，它只能被当作信号使用，否则，人们就只能在别的地方感受到欲望过程所造成的不快，按照快乐原则的本意，这绝不是一个成功的过程，但它的确经常在神经症中出现。

所以，症状形成的确可以消除危险情形。它具有两面性：一面是我们所不清楚的，它使得本我产生了变化，让自我借此摆脱了危险；另一面是我们所了解的：它形成替代物，取代受影响的欲望过程。

但我们要注意措辞，把我们刚才所说的症状形成过程都归为防御过程，并把“症状形成”和“替代物形成”作为同义词使用。于是我们明白，防御过程与自我在面对外来威胁时的逃避过程类似，它实际上就是在逃避欲望所带来的危险。对这一比喻的质疑，将有助于我们进一步澄清一些问题。首先，有人可能会反对说，对象缺失（失去对象的爱）和阉割威胁也是来自外部的危险，它更像张牙舞爪的猛兽，而不是欲望所带来的危险。但这两者其实不可一概而论。无论我们在它面前如何表现，狼可能都会向我们发起攻击。可若非我们怀揣着特定的感受和意图，所爱之人绝不会撤走对我们的爱，我们也不会感受到阉割的威胁。所以，这些欲望冲动是外部危险的前提条件，它们自己也因此变得危险，现在，我们可以通过对内在危险采取手段，达到战胜外部危险的目的。在动物恐惧症中，危险的感受似乎始终来自外部，正如危险引发症状，其实也是向外转移的过程。而在强迫症中，危险更加内在化：由超我引发的恐惧，也即社会恐惧，依然是外部危险的内在替代物。而恐惧的另一部分，也即道德恐惧，则完全位于心理内部。

第二种反对意见认为，在逃离外部危险时，我们的做法无非是拉大我们和威胁者之间的空间距离。我们不会冒风险进行抵抗，也不想改变危险的成分，所以并不会像另一些情况中所表现的那样，拿着根短棍朝狼冲去，或是用枪朝它射击。而防御过程所做的努力，似乎不只是单纯的逃离。它会对欲望过程进行干预，以某种方式压制它，使它偏离之前的目标，从而变得不那么危险。这种反对意见似乎不容反驳，我们有必要对它进行考虑。我们认为，可能有些防御过程的确可以被拿来与逃离的尝试作比较，而在另一些情况下，自我更加积极地进行反抗，甚至会更为果断地采取对抗措施。但是，防御和逃离之间的类比，的确存在问题：自我和本我中的欲望，其实是同一个组织的不同部分，它们并不像狼和孩子那样独立存在。因此，自我的任何行为都会引起欲望过程的变化。

通过对恐惧产生条件的研究，我们对于自我在防御中的行为，有了更为理性的认识。每一种危险情形，都对应着特定的生命时期或心理装置发展阶段，它也理应在这一时期出现。当一个人尚且年幼时，他的确没有做好在心理上克服来自外部和内部的大量刺激的准备。在特定的生命阶段，被所依恋的人关爱和照顾，的确是一个人最为重要的切身利益。当男孩开始把强大的父亲看作争夺母亲的对手，开始感受到自己对父亲的攻击性倾向和对母亲的性企图，那他理应对父亲产生畏惧。害怕遭受父亲惩罚的恐惧，也会在种系起源的影响下，表现为对阉割的恐惧。进入社会后，他必然会对超我、也即道德产生恐惧。这一因素如果不复存在，则会引发严重的冲突和危险。但这恰恰引发了新的问题。

我们不妨暂时用另一种情感，如痛苦，来取代恐惧。四岁女孩因摔坏娃娃悲伤落泪，六岁女孩因遭到老师训斥痛哭不已，十六岁少女因被恋人冷落潸然泪下，乃至二十五岁的少妇因丧子泪流不止，都可被视作极其正常的反应。每一种痛苦的出现都符合年龄，也会随着时间的流逝而消失，唯有最后这种确定的痛苦可能持续终生。但假如这个女孩在长大成人乃至已为人母后，还因为弄坏了一件小摆设痛苦不已，那她就表现得像一个神经症患者了。在她的心理装置中，克服刺激的所有控制中枢早已成形，她应当已经足够成熟，可以满足自己的大部分需要，也早该清楚阉割不会作为惩罚出现。尽管如此，她依然表现得好像从前的危险情形依然存在，并受制于一切早期的恐惧产生条件。

这个问题可能需要较为详尽地回答。首先，我们必须回顾一下事实。在大多数情况下，旧的恐惧产生条件在引发神经质的反应之后，的确会就此消失。婴儿对独处、黑暗和陌生人的恐惧症，其实再正常不过，也会在日后消失，正如我们在谈论某些童年障碍时所说的那样，“情况会慢慢变好”。十分常见的动物恐惧症也有着同样的命运，许多儿童时期的转换性歇斯底里症，在长大后不会延续。仪式化行为在潜伏期极其常见，但只在很小一部分情况下，它才会在日后发展成全面的强迫症。至少根据我们对有着较高文化素养的白种城市儿童的观察，童年的神经症行为是成长发育过程中十分常见的一个环节，虽然我们对此的重视程度其实还远远不够。在成年的神经症患者身上，我们依然可以找到童年神经症行为的影子。但并不是所有表现出这类行为的儿童，日后都会成为神经症患者。在一个人趋于成熟的过程中，某些恐惧的产生条件必然被完全废止，一些危险情景也几乎失去了意义。另外，有些危险情形虽然延续到了后来的阶段，但它们必须审时度势，对其恐惧的诞生条件做出相应的修正。例如，人们虽然发现自己不再会因为纵欲享乐而受到阉割的惩罚，但放纵的生活也带来了罹患重疾的危险。于是，阉割恐惧可能戴上梅毒恐惧症的面具出现。另一些恐惧的诞生条件根本不会消亡，它们会一辈子伴随在人们身边，对超我的恐惧就属此列。神经症患者有别于常人的一点，就是他们对危险的反应尤为强烈。当创伤性的原始恐惧场景反复重现时，一个人即便再成熟，也无法为自己提供足够的保护。每个人的心理都存在一个极限，一旦超出这一极限范围，他的心理装置就无法应对亟待处理的刺激量。

这些细微的修正，不具有决定性，也不会撼动我们此前所讨论过的事实：许多人对危险的处理手段，依然停留在婴儿时期，他们尚未克服陈旧的恐惧产生条件。否认这一点，就等于否认神经症的事实性存在，因为我们所说的神经症患者正是这群人。但这是如何成为可能的呢？为什么并非所有的神经症表现都成为发展过程中的一环，在进入下一个阶段后宣告终结？在对危险的反应过程中，这一持续因素因何而来？为何恐惧情感能够享有其他情感所不具备的特权，能够独自引发不正常的反应，并以不合理的方式违背生命的轨迹逆流而生？换言之，我们在不知不觉之间，又绕回到了那个最为根本的谜题：神经症究竟从何而来？它最终的、最特别的动机是什么？在数十年的精神分析研究后，我们对这个问题依然像最初那样一无所知。

10

恐惧是对危险的反应。但有一点我们不能否认：恐惧情感能在心理经济中占据特殊地位，必然与危险的本质有关。但危险又是人类所共有的，它对每个人来说都是一样的，我们所需要但又未能得到的，是帮助我们理解个体筛选标准的因素，它应当解释为什么有些人能在特殊的恐惧情感面前维系正常的心理活动，而另一些人却未能实现这一目标。为了发现这一因素，在我之前人们已经做了两次尝试。每一次，人们都满怀期待——这不难理解，因为它一旦成功，就能帮助人们摆脱痛苦的需求。这两次尝试互为补充，因为它们研究的是同一个问题对立的两端。第一次尝试是阿尔弗雷德·阿德勒（Alfred Adler）在十余年前完成的。他的理论简单说来，就是那些为器官缺陷所困扰的人，更容易在危险所带来的挑战面前败下阵来。假如“越简单越有理”这句话说得没错，那这样的答案肯定能为我们带来解脱。但恰恰相反，过去十年间的批评之声，已经强有力地证明了这一解释不足为凭，何况它还对精神分析所发现的诸多事实不闻不问。

奥托·朗克在1923年出版的《出生的创伤》一书中，做出了第二次尝试。除了以下要强调的内容之外，将它与阿德勒的尝试等同起来其实是不合理的，因为朗克的努力停留在精神分析范畴之内，它是精神分析思想的延续，也是试图解决精神分析难题的一次合理努力。在个体和危险的关系问题上，朗克无视个体缺陷，转而关注危险的强度变化。出生的过程是最早的危险情形，它所引起的经济变动成为恐惧反应的典范；此前，我们曾一路追踪这一将最初的危险情形和恐惧产生条件与之后所有的危险情形和恐惧产生条件串在一起的发展轨迹，并发现它们具有共性，即都在某种程度上意味着与母亲的分离——一开始是在生物学的意义上，后来则表现为直接的对象缺失，直至最后成为间接的对象缺失。在揭示这曾普遍联系方面，朗克的结构体系无疑立了大功。现在，出生的创伤在单独个体身上表现为不同的强度，继而引发不同强度的恐惧反应；朗克认为，每个个体究竟能否掌控恐惧，究竟是成为神经症患者还是正常人，取决于恐惧在产生之初的强度大小。

在此，我无意逐条批判朗克的论断，只想验证一下它是否能被用来解决我们的问题。从理论角度看，朗克的公式——出生时遭受过强创伤的人，将永远无法消除它，所以终将成为神经症患者——其实是有争议。我们不清楚他所说的消除创伤究竟指什么。如果从字面上理解，那我们必然会得出结论：神经症患者越是频繁、强烈地产生恐惧情感，就越是接近痊愈。这显然与事实不符，也正是因此，当初我放弃了这一在内心净化疗法[1]中起着重要作用的“消除理论”。朗克过于强调出生创伤的强度变化，并未在病源学上给遗传体质因素留出余地。与体

1 译者注：内心净化疗法是弗洛伊德在创立精神分析学说之前，与约瑟夫·布劳尔合作发明的心理治疗方法，它旨在通过催眠、暗示等外在手段，使患者发生行为的改变。“内心净化（Katharsis）”一词，可追溯至亚里士多德的同名悲剧理论，后来，弗洛伊德发现这种方法治标不治本，因此将它放弃，转为使用精神分析意义上的自由联想法。

质因素相比，创伤强度变化这一机体因素其实具有随机性，也受到很多偶然因素的影响，如出生时是否及时得到帮助。朗克的学说完全忽视了体质和种系起源因素。但假如我们把体质因素考虑在内，将朗克的理论做一番修正，认为一个个体是否患病取决于他在多大程度上应对不同强度的出生创伤，那朗克所引入的新因素就被挤到了次要的位置，他的理论也彻底失去了意义。这样一来，神经症是否爆发，又取决于一个我们所未知的领域了。

另外，人们和其他哺乳动物有着同样的出生过程，却有着患上神经症的特权，这一事实显然对朗克的学说十分不利。但更致命的一点在于，他的理论只是凭空想象的结果，缺乏观察得来的坚实依据。他没有认真研究过艰难或持续时间较长的出生过程是否会明显导致神经症的产生，这样出生的孩子是否会表现出持续时间更久、更为强烈的婴儿早期恐惧。如果说引产或顺产也会对孩童造成严重创伤，那一度导致胎儿窒息的分娩过程就更应当带来严重的后果。朗克病源学研究的优势在于，它提出的这一因素很容易通过经验素材进行验证——没有真正做过验证，就无法评判其价值。

但是，精神分析认可性欲望的病源学意义，而有人却认为朗克的学说与之相矛盾，对此我不敢苟同。因为朗克的理论只涉及个体与危险情形的关系，所以我们完全可以认为，那些没有克服最初危险的人，也会在日后出现的性危险情形中失败，从而患上神经症。

所以，我不相信朗克的尝试能就神经症的起源问题给出答案。也就是说，它在多大程度上能够为解决这个问题提供帮助，我们尚不肯定。如果研究表明，艰难的出生过程不会对神经症的因素产生影响，那它的贡献也就不大了。我们当然希望为神经质找到一个明显、统一的“终极原因”，但这一愿望很可能落空。最理想的情况，是找到某种细菌，将其分离并经纯培养法繁殖，然后重新注入个体，进而观察到它引发相应的病症。这也是今天许多医学专家仍在不懈探索的东西。或者更现实一些的想法，是证明某种化学物质的存在可能导致或消除某种神经症。但以这种方式找到问题答案的机会却十分渺茫。

精神分析很少会给出这种简单但却很难令人满意的解决方案。就这个问题，我也只能重复早已为人知晓的内容，因为的确没有新的内容可以补充。如果自我通过压抑过程等手段，成功地抵御了一种危险的欲望冲动，那它在对这一部分本我造成阻碍和破坏的同时，也赋予了它一定的独立性，并且为此放弃了自己的一部分自主性。这是由压抑作用的本性所决定的，因为它从本质上看是逃离的过程。被压抑的事物遭到放逐，它被排斥在自我庞大的组织体系之外，仅需遵从潜意识中生效的法则。现在，如果危险情形发生了改变，自我无须继续防御新的、与被压抑的欲望冲动相类似的欲望冲动，那它的局限性就暴露了出来。新的欲望过程依然受到惯性动作的影响——我更愿意称之为一种“强迫性重复”——它踏上了与从前被压抑的欲望过程相同的发展道路，仿佛早已被克服的危险情形依然存在。因此，压抑作用中的固置因素就是潜意识本我的强迫性重复。一般情况下，只有自我的自由运动功能才能将它消除。自我有时的确也能突破它给自身施加的压抑作用限制，重新夺回对欲望冲动的主导权，并将新的欲望过程引导到经过改变的危险情形上去。但实际上，它往往做不到这一点，无法把已经产生的压抑作用恢复原状。这场斗争的结局，或许取决于数量因素。在某些案例中，我们感觉结局具有强迫意味，被压抑的冲动发生退化所产生的吸引力和压抑作用本身的力量都如此强大，以至于新的冲动只能遵循强迫性重复的过程。在另一些案例中，我们发现有另一种力量关系在发挥作用：被压抑的榜样所产生的吸引力，又得到了现实困难所产生的推斥力的加强；后者使得新的欲望冲动完全不可能沿着其他方向发展。

以上这些，就是压抑作用固置和旧危险情形持续的结果，从看似平凡、却再怎么高估其理论意义也不为过的分析治疗事实中，就能找到相关的证据。如果我们在分析过程中，向自我伸出援手，使它得以消除自身的压抑作用，那它就能重新获得对被压抑的本我的掌控力，从而允许欲望冲动的发展，仿佛旧的危险情形已经不复存在。我们所取得的成功，其实和其他医学领域的成就并无二致。通常情况下，假如情况有利，好的结局也会自然产生，而我们的治疗只是以更快、更可靠、更省力的方式，促成这一结果。

综上所述，一种无法直接证明、只能通过间接推导得出的数量关系决定了旧的危险情形是否继续存在，自我的压抑作用是否会被保留及儿时的神经症是否会得到延续。按照我们的理解，引发神经症并为各种心理力量相互角力创造条件的因素共有三个，它们分别是生物学因素、种系起源因素和纯心理 因素。

第一个因素，即生物学因素，表现为人类孩童长期的无助和依赖状态。与大多数其他生物不同，人在子宫内生存的时间较短，他尚未发育成熟，就匆匆来到人世。因此，现实外部世界的影响被放大，自我和本我较早出现分化，外部世界的危险有了更为深远的意义，对象的价值也得到了大幅提升，因为只有它可以对抗危险，取代一去不复返的宫内生活。这一生物学因素也引发了最初的危险情形，使人终生都有为人所爱的需求。

第二个因素，即种系起源因素是我们自己推导出来的，力比多发展过程中一个十分奇特的事实，促使我们做出了这种假设。我们发现，与其他近似动物不同，人类的性生活从萌发到成熟的过程并非一帆风顺。它的第一个繁荣阶段持续到五岁，随后突然中断，直到进入青春期后才重新延续婴儿期的势头向前发展。我们认为，在人类的命运之中，必然发生了某些重要的事情，使得性发展遭遇历史性的打击，被迫半途中断。这一因素的病理学意义在于，自我将大多数童年性欲的欲望诉求视作危险，坚决抵制它的出现，所以青春期出现的性冲动虽然得到了自我的允许，但依然有被婴儿期的典范所吸引、从而遭到压抑作用排斥的危险。神经症最直接的病因，也正在于此。值得注意的是，与性欲要求的早期接触和与外部世界的过早接触，竟然对自我产生了相似的影响。

第三个因素，即心理因素存在于心理装置的缺陷之中，它与心理装置分化为自我和本我相关，最终也可以追溯到外部世界的影响。出于对现实危险的考虑，自我被迫抵制本我的一些欲望冲动，并把它们当作危险看待。但在内部的欲望危险面前，自我却不能像面对外部现实那样有效地保护自己。由于它与本我存在着紧密的联系，它只有限制自身组织，并用症状的形成去代替对欲望造成的伤害，才能抵抗欲望的危险。如果遭到排斥的欲望又卷土重来，那所有的难题又被压在了自我身上，这就是我们所熟知的神经症。

除此之外，我不得不承认，我们对神经症的本质和起因，暂时还没有很好地了解。

附录

在论述过程中，我们提到许多话题，又不得不把他们暂时放在一边。现在，我们再把它们汇集到一起，给予它们足够的关注。

A 对早期观点的修正

a）抵抗和反向占有

压抑理论的一个重要观点是，压抑会带来持续的消耗，不是一个一次性的过程。如果这种消耗无法持续，而被压抑的冲动依然从源头不断涌来，那它们还将沿着曾被压抑的道路继续前进。压抑作用要么承认自己的失败，要么必须被无数次重复。所以，欲望绵延不断的本性，也要求自我不断地做出防御行动。这一为了保护压抑作用的行动，就是我们在治疗过程中所感受到的抵抗。抵抗的前提，被我称为反向占有，它在强迫症中尤为明显，具体表现为自我的变化，也即自我的反向作用。在这个过程中，那些与需要被压抑的欲望相矛盾的态度（同情、认真和整洁）得到了加强。强迫症中的反向作用，其实就是把潜伏期出现的正常性格特征夸张地表现了出来。在歇斯底里症中证明反向占有的存在则要困难得多，虽然从理论上看，它也是不可或缺的。在这类病症中，自我因反向作用发生了一些改变，在某些情况下，这一改变如此醒目，甚至成为引人瞩目的主要症状。例如，歇斯底里症的矛盾冲突就能以这种方式得到解决，对一个所爱之人的恨意，转而被对他的大量柔情和担忧所取代。

与强迫症不同的是，这类反向作用展现的不是性格特征的一般本性，它仅仅局限于一些特殊的关系。例如，那些因为极度憎恨自己的孩子、却对他们百般疼爱的歇斯底里症患者，绝不会比其他妇女更具爱心，更不会对其他孩子表现出柔情。歇斯底里症的反向作用只坚定地依附在某个特定的对象之上，不会成为自我的一般因素。而这种一般化倾向与对象关系的松弛性和转移的轻易性，正是强迫症的典型特征。

另一种反向占有似乎更符合歇斯底里症的特殊性。被压抑的欲望冲动，可以从两个方面被激活（重新占有）：一方面它可以通过提升来自内部刺激源的欲望水平，被从内部实现；另一方面，它也可以通过感知受欲望欢迎的对象，从外部得到实现。歇斯底里式的反向占有，主要面向外部，针对危险的感知。它表现为高度警觉，这种警觉性通过限制自我，避免了某些引发感受出现的情景。或者感受出现了，它也会设法让它得不到关注。近来，法国学者拉弗格（Jules Laforgue）给歇斯底里症的这一成就取了一个特别的名字，将它称为“盲点化”。相比歇斯底里症，这种反向占有在恐惧症中表现得更为明显，因为后者的主要诉求正是尽力避免所担心的恐惧。歇斯底里症和恐惧症中反向占有的方向，和强迫症中反向占有的方向有所区别。这种区别虽然不是绝对的，但具有重要意义。它使我们相信，在压抑作用和对外的反向占有、退化作用和对内的反向占有（反向作用引起的自我变化）之间，存在着更为紧密的联系。另外，抵御危险感受是所有神经症的共同任务。强迫症中的各种规定和禁令，也为这一目的服务。

我们此前曾指出，精神分析过程所要征服的抵抗来自依附在反向占有作用中的自我。自我很难将它的注意力集中到感受和观念上，因为这正是它此前所极力避免的东西，它也无法认可那些与它所熟悉的冲动相对立的冲动。我们在分析过程中与抵抗的斗争，正是基于对它的这种认识。它常常受形势所迫，和被压抑的事物一道进入了潜意识之中。我们的工作，就是让抵抗重新进入意识，它进入意识之中后，我们试图用逻辑去说服它，向自我允诺如果它放弃抵抗，就能获得好处和奖励。所以，我们无须怀疑抵抗来自自我，也不必再对它这一观点进行修正。

我们要研究的问题，是分析过程中遇到的一切问题是否都可以用抵抗来解释。我们注意到即便自我下定决心放弃抵抗，它依然会在将被压抑的事物恢复原状的过程中遇到困难。在做出了这个值得表彰的决定后，它依然需要孜孜不倦地努力，我们称之为“持续努力阶段”。使“持续努力”具备必要性，让它能够被我们理解的动态因素，其实就在眼前。它不是其他，正是在自我抵抗消失后仍需被克服的东西，包括强迫性重复的力量和潜意识典范对被压抑的欲望冲动的吸引力。将这些因素称为“潜意识的抵抗”，或许没有人会反对。我们无须为这样的修正感到沮丧，假如它们能促进我们的理解，那就是我们所乐见的；假如它们不跟我们之前所说的内容产生冲突，只是丰富了它，或是对过于笼统的观点加以限制，对过于狭隘的看法进行扩展，那就不是什么不光彩的事情。

但是，我们虽然做了这番修正，依然不能自以为对在分析过程中遇到的各类抵抗有了充分的认识。继续深入研究之后，我们会发现要征服的抵抗力量有五种，它们来自自我、本我和超我三个方面，其中自我又是三种有着不同动力形式的抵抗力量的来源。这三种自我抵抗的第一种，是我们之前所研究过的压抑抵抗，我们在此没有要补充的新内容。第二种自我抵抗是转移抵抗，它与压抑抵抗本质相同，但在分析过程中有着更为明显的不同表现，因为它成功地与分析场景或分析师本人建立了联系，从而激活了原本只能停留在回忆之中的压抑作用。第三种自我抵抗的本质与前两者完全不同，它从“疾病的收益”出发，把症状纳入了自我的范畴，其实就是不愿放弃满足或宽慰的表现。第四种抵抗是本我的抵抗，我们刚刚说过，它导致“持续努力”成为一种必要的行为。第五种抵抗是超我的抵抗，它是我们最后发现的抵抗，也最为模糊不清，但并不总是最微弱的力量。它似乎源自负罪感或惩罚的需求，反对任何形式的成就，所以也试图阻止患者通过分析实现痊愈。

b）由力比多转换引起的恐惧

这篇文章对恐惧的理解，与我之前认为正确的观点有所差别。从前，我把恐惧视作自我在不快条件下的一般反应，试图对它的每一次亮相做出合理的解释，并根据我对现实性神经症的研究，猜测被本我拒绝或未被其使用的力比多（性刺激）会以恐惧的形式，得到直接的释放。不可否认，这种论断并不能被很好地联系在一起，至少它们没有环环相扣的必然性。另外，这种观点让人觉得恐惧和力比多有着尤为紧密的联系，这又与恐惧的一般特征（它是对不快的反应）不符。

随着我在《自我与本我》中将心理装置做进一步划分，直至倾向于把自我视作恐惧唯一的大本营，对旧观点的反对之声也开始出现。从前的观点认为，恐惧来自被压抑的欲望冲动所产生的力比多，而新观点认为自我才是恐惧的来源。所以，问题在于恐惧究竟是自我恐惧还是欲望（本我）恐惧。由于自我利用的是去性欲化的能量，在新观念中，恐惧和力比多之间的紧密关系也开始松动。我希望自己至少已将矛盾所在和不确定之处阐述清楚。

朗克和我从前所认为的那样，主张恐惧情感是出生过程的后果，是从前所体验的情形的不断重复。这促使我们重新审视恐惧问题。但把出生视作创伤，把恐惧状态视作释放反应，把每次新出现的恐惧情感视作彻底“发泄”创伤的尝试，都是他个人的看法，对此我不敢苟同。我们有必要绕过恐惧反应，研究其背后的危险情形。引入这一因素后，我们的观察有了新的视角。出生成为在形式改变、心理状况不断发展的新条件下出现的所有危险情形的典范，而它本身的意义也仅限于此。在出生时感受到的恐惧，成为某种情感状态的典范，这种情感状态与其他情感有着相同的命运。

它在最初的危险情形下作为合理的反应形式出现，之后沦为不合理的反应形式，在与原始场景相类似的情形下不断自动重复。或者，自我从这种情感中获得了力量并令它重现，从而将它作为对危险的警告和唤醒快乐－不快机制的手段。通过承认恐惧是对危险情形的一般反应，我们也赋予了恐惧情感生物学意义。既然自我能根据需要产生恐惧情感，它作为恐惧大本营的地位也就得到了确认。所以，日后生活中的恐惧有了两种来源方式：当危险情形和出生的情形类似时，会产生一种不自主的、下意识的、符合经济原则的恐惧；当危险情形只是造成威胁，需要被避免时，自我则会生成另一种恐惧。在第二种情况中，自我就像接种疫苗一样，自愿承受一定的恐惧，从而通过轻微的疾病发作，避免它全面的爆发。它积极地设想着危险情形的出现，但只希望把这一痛苦的经历限定在一个暗示或一个信号之内。这些不同的危险情形如何接二连三出现，如何相伴而生，此前我们已经逐一介绍过。或许通过研究神经症式的恐惧和现实恐惧之间的关系，我们可以将对恐惧的理解再往前推进一步。

此前“力比多直接转化为恐惧”的主张，对我们来说已不那么重要了，但如果我们思考这个问题，还是可以区分出多种情况。那些自我作为信号诱发的恐惧，显然不在考虑范围之内。自我在一切危险情形下为了引入压抑作用而引发的恐惧，也不属于此列。被压抑欲望冲动的力比多占有能量，尚有别的用途，也不会转化为恐惧释放——这一点在转换性歇斯底里症中表现得最为明显。相反，在关于危险情形的后续讨论中，我们还将遇到一类需要另加评判的恐惧产生情形。

c）压抑和防御

为了讨论恐惧问题，我又重新启用了仅在三十年前研究开始之初用过、后来逐渐被我放弃的一个概念——或者说得谦虚一些，是一个术语，这就是防御过程（Abwehrvorgang）。后来，我用压抑作用替代了它，但一直没有定义两者之间的关系。

现在我认为，回归“防御”这个旧概念，能为我们带来确定的收益，因为我们发现，它是自我在有可能导致神经症的所有冲突中所使用技法的一般性称谓，而压抑作用只是其中一种特殊的防御方式，随着研究的深入，我们方才对它有了更为深入的了解。

即便仅仅只是换了个术语，我们也有必要证明它的正确性，而且它应当能为我们带来新的观点或是拓展我们的认识。我们重新启用“防御”一词并对“压抑”这一概念做出限制，是出于对一个事实的考虑。尽管我们早已知晓它的存在，但新近的发现才令它重新变得重要起来。通过对歇斯底里症的研究，我们对压抑作用和症状形成有了最初的认识。我们发现，对刺激经历的感受和对致病思想的看法都容易被遗忘，而且无法在记忆中重现。所以，我们把与意识隔绝视作歇斯底里式压抑作用的主要特征。

后来，我们又研究了强迫症，并发现在这种疾病中，致病的事件并没有被遗忘。它们存在于意识之中，却被以某种我们所无法想象的方式“隔离”开来，所以最后的结果，跟歇斯底里式的遗忘症大致相同。但两者的差别已经大到足以佐证我们的如下观点：强迫症消除欲望诉求的过程，绝不可能与歇斯底里症相同。

进一步研究表明，在强迫症中，欲望冲动受到自我反抗的影响，退化到了早期的力比多阶段。这虽然不能取代压抑作用，但也起到了和压抑作用相同的效果。我们还发现，在歇斯底里症中出现的反向占有作用，在强迫症中也以反向自我变化的形式扮演着保护自我的重要作用。我们注意到了“隔离”过程的存在，发现它引起了直接的症状表现，但并不清楚它的作用方法。我们还注意到了可谓神奇的“消除”程序，它显然是一种抵抗的倾向，但与“压抑作用”又完全不同。这些经验给了我们充足的理由去重新启用“防御”这一概念，将所有具备同一倾向、旨在保护自我免受欲望诉求干扰的过程，都称作防御过程，而把压抑作用归为它的一个特例。如果考虑到随着研究的深入，我们或许可以把特定的防御形式与疾病结合（如压抑作用和歇斯底里症）起来，那这样的命名方式或许会显得更有意义。另外，我们还期待着发现另一种可能的相关性。心理装置在剧烈分化出自我和本我，但又没有形成超我之前，很可能采用与超我形成之后完全不同的防御方法。

B 对恐惧问题的补充

我们有必要对恐惧情感的一些特征做进一步解释。恐惧显然和期望相关联，毕竟它的对象是可能发生的某件事情。它具有不确定性，也不具有对象。一旦恐惧有了对象，那正确的用词就应该是畏惧（Furcht）。恐惧除了和危险相关，还和神经症相关，这也是我们所一直想要解释清楚的现象。问题在于，为什么并非所有的恐惧反应都是神经质的？我们为何认为许多恐惧是正常的？最后，我们也有必要全面审视现实恐惧和神经症恐惧的区别。

我们从最后一个问题说起。我们已经成功地把恐惧反应的来源追溯到了危险情形之中。假如以同样的方式看待现实恐惧，问题就迎刃而解了。现实危险是我们所知晓的危险，现实恐惧正是对已知危险的恐惧。而神经质恐惧是对未知危险的恐惧，我们经过一番寻找，才发现它的危险来源——分析表明，它是一种欲望危险。我们把这一自我所未知的危险引入意识之中，相当于抹去了现实恐惧和神经质恐惧之间的差异。这样一来，我们就可以将两者同等对待了。

处在现实恐惧之中的人，会出现两种反应：一是情感反应，也即恐惧的爆发；二是保护性行为。在欲望危险面前，情况可能也是如此。对于两种反应合理共存的情况，我们已经有所了解：一种反应发出信号，召唤另一种反应的到来。当然，在某些不合理的情况下，恐惧也会导致瘫痪，一种反应彻底消失，从而使另一种反应得以广泛出现。

在有些情况下，现实恐惧根据和神经症恐惧的特征是混合的。这时候，危险是已知的，也是现实的，但由此引发的恐惧却出奇地强烈，远远超过了我们的预期。这一过量的恐惧，正是神经症的因素在作怪。从本质上看，这类案例其实并没有什么新的内容。分析表明，这是因为一种未知的欲望危险与已知的现实危险产生了联系。

如果我们不满足于把恐惧反应的来源追溯到危险情形，还会获得进一步发现。危险情形的本质和意义是什么？显然，我们在估算了自己的力量并将它与危险程度做对比之后，不得不承认自己在危险面前显得无助——这包括在现实危险面前的物质无助和在欲望危险面前的心理无助。在这个过程中，我们的判断受到真实经历的左右，它是否做出了错误的估计，对结果而言并不重要。假如我们把所经历的这一无助情形称为创伤情形，那我们将有充足的理由，将它与危险情形区分开来。

如果我们不是静待创伤情形的到来，而是能够预见它，对它有所准备，那我们的自我保存能力将得到明显的提升。为这种期待成分创造条件的情形，就是危险情形。恐惧的信号正是在这种情形下发出的，它仿佛在说：我在期待着无助情形的到来，或者说，目前的情形让我联想到早先的创伤性经历。所以我期待它的到来，并表现得像它已经到来了那样，假如时间还来得及的话，我将尽力避开它。所以，恐惧一方面是对创伤的期待，另一方面也以温和的方式重复了创伤的过程。我们在恐惧身上发现的这两个特征，有着不同的来源。它与期待之间的联系属于危险情形，它的不确定性和无对象性属于危险情形所预见的、无助的创伤情形。

循着“恐惧–危险–无助（创伤）”这一发展轨迹，我们可以总结如下：危险情形是人们认识到、回忆起或预料之中的无助情形。恐惧最初是对创伤经历中无助感的反应，后来则作为求助信号，在危险情形中重现。现在，被动经历过创伤的自我开始以弱化的方式，积极地重复创伤情形，并希望能够自主掌控这一过程。我们知道，小孩子正是用类似的方式，靠在游戏中重复悲伤的印象来达到将它消除的目的。他通过从被动到主动的转换，试图在心理上克服这些不快的生活经历。如果这就是“发泄”创伤的意义所在，那我们没有必要就此提出反对。但将恐惧反应从最初的无助情形转移到预示它到来的危险情形之中的过程，才更具决定性意义。随后，又发生了一系列从危险到危险产生条件、从丧失对象到其修正措施的转移。这些措施的内容，我们此前已经讨论过。

对小孩子过于“宠溺”，可能会带来始料未及的后果：由于对象会在一切无助场景中为他提供保护，一旦丧失对象，就会带来比其他危险更为严重的后果。

迄今为止，我们觉得没有必要将现实恐惧和神经症恐惧区别对待。我们当然明白两者之间的区别：现实危险来自外部对象，神经症危险来自欲望诉求。只要这种欲望诉求具有现实性，那神经症恐惧也可以被视作具有现实根据的恐惧。我们明白，恐惧和神经症之所以看起来关系如此紧密，是因为自我正是在恐惧反应的帮助下抵抗欲望危险和来自外部的现实危险。但是，由于心理装置并不完美，这种抵抗行为往往会以神经症告终。我们也开始相信，欲望诉求之所以成为（内在的）危险，是因为它的满足会引发外部危险。也就是说，这种内部危险代表着一种外部危险。

另外，外部（现实）危险如果对自我十分重要，也会被内在化。这时候，它会与过去经历过的某个无助情形发生关系，从而被注意到。[1]但人们对外在危险的直觉认识，其实只停留在极其有限的范围之内。小孩子不停做会给他们带来生命危险的事情，所以一个为他们提供保护的对象是不可或缺的。让人们感到无助的创伤情形，其实是外部危险和内部危险、现实危险和欲望诉求相结合的结果。自我可能在一类情况下感受到无止境的痛苦，在另一类情况下感到需求无法被满足，但两者的经济情形是一样的——运动性的无助表现为心理上的无助。

1　一种常见的情况是，在一个得到正确估计的危险场景内，除了现实危险之外，还会出现一些欲望危险。针对自身的受虐性破坏欲望，正是吓得自我不敢将它实现的欲望诉求。或许，这一新增的欲望危险可以解释为何有些恐惧反应过于强烈、不合情理，甚至造成瘫痪。恐高症（害怕窗户、塔楼和深渊）可能就是这样产生的。它和受虐行为一样，具有女性化的意义。

在此，我们有必要再来审视一下婴幼儿时期出现的神秘恐惧症。它的部分形式，如害怕独处、黑暗和陌生人，可被视作害怕失去对象的反应；但另一些形式，如害怕小动物、雷电等，则可能是对现实危险先天有所准备的残迹，这一点在其他动物身上表现得尤为明显。对人类而言，唯有与丧失对象产生关联的这一部分远古遗传才是合理存在的。分析结果表明，如果这种儿童恐惧症发生固置，变得越来越强烈，甚至一直持续到长大以后，那说明它的内容已经和欲望诉求发生了联系，成为内部危险的代言人。

C 恐惧、痛苦和悲伤

对于情感过程的心理学研究并不充分，所以以下这些试探性的评论如有不当，还望诸位海涵。我们的问题出现在以下这个地方：我们说过，恐惧是对丧失对象的危险的反应。但我们已经知道一种对丧失对象的反应，那就是悲伤。那对象的丧失什么时候诱发恐惧，什么时候导致悲伤呢？我们从前也研究过悲伤，但有一个问题一直让我们迷惑不解，那就是它为何表现得尤为痛苦。当然，我们也认为与对象的分离理应产生痛苦。所以，问题就变得更加复杂了：与对象的分离，何时导致恐惧，何时导致悲伤，何时又仅仅导致痛苦呢？

我们不妨直说，这个问题不可能有答案。我们只能给出一些限制和暗示。

我们的研究仍将从我们自以为了解的场景出发，那就是婴儿看到陌生人而不是自己母亲的情景。这时，他会表现出恐惧，我们认为这与失去对象的危险相关。但这种恐惧其实更为复杂，值得我们深入探讨。婴儿无疑感到恐惧，但他的面部表情和哭泣的反应，不由让我们猜测他也感受到了痛苦。日后单独出现的事物，似乎在他身上混为了一体。他还不能区分暂时的离别和永远的失去，所以一旦母亲离开他的实现，他就以为自己再也见不到她。只有在经历一次次失而复得的慰藉之后，他才明白母亲消失之后还会重新回来。母亲往往会跟孩子玩一个游戏，在他面前用手遮住自己的脸，然后再露出脸将他逗乐——这有助于帮助孩子完善他的认识。经历过这些之后，孩子开始感受到想念，而不是绝望。

由于孩子的误解，思念母亲的场景不是危险情形，而是创伤情形。或者更准确地说，当孩子在那一刻感受到了某种必须由母亲来满足的需要，那它就是创伤情形；如果这种需要不存在，那这一场景就变成了危险情形。自我给自己设定的第一个恐惧产生条件，正是丧失感觉，其效果等同于丧失对象。这个时候，还没到失去爱的地步。后来的经历让孩子明白，对象可能依然在场，但却对他充满恶意。于是，丧失爱继丧失对象之后，成为另一个更加持久的危险和恐惧产生条件。

母亲离开的创伤情形和出生的创伤情形有一点不同。出生时，尚没有对象可供失去，所以恐惧是唯一出现的反应。此后，一再重复的满足场景让孩子把母亲视作对象——当孩子有需求时，就会强烈、迫切地想要占有母亲。痛苦正是这一新情形所引发的反应。所以，痛苦才是对丧失对象的反应，而恐惧是对丧失对象所引发的危险的反应。进一步推导，恐惧也是对丧失对象的危险的反应。

对于痛苦，我们知之甚少。我们仅对它的一般诞生过程有所了解：作用于外表皮的刺激突破了刺激防护层，开始造成持续的欲望刺激。原本应该将刺激从被刺激的部位移除的肌肉活动，却突然丧失了行动能力。于是，痛苦就出现了。即便痛苦不来自外表皮，而来自内部器官，也不会改变大致的情况，只需要用内部的边缘部位去取代外部的边缘部位即可。婴儿显然有机会获得这类与其需求经历无关的痛苦经历。痛苦的这一产生条件，似乎与失去对象不同。“边缘刺激”这一造成痛苦的根本因素，也并不在孩童思念母亲的情景中存在。但在我们的语言中，既存在内心痛苦这样的概念，又会把失去对象的感受形容为“切肤之痛”，这肯定是有其道理的。

在身体出现痛苦时，疼痛部位会出现一种强烈的、近乎自恋的占有能量，它不断增长，可以说起着把自我掏空的作用。众所周知，在内脏器官出现痛苦时，人们会对这些身体部位产生空间和其他方面的想法，而这些念头平时不会出现在意识之中。当其他因素引发了心理性转移时，即便是最为强烈的身体痛苦也不会被感受到（这里，我们不能说它停留在潜意识之中）。这一奇特的事实，或许可以这样解释：占有能量的注意力，集中到了心理替代物而不是发疼的身体部位上。

痛苦感受之所以能在心理领域发生转移，是因为一种相似性：渴望得到思念（失去）对象的占有能量由于得不到满足，变得越来越强烈。它与受伤身体部位的痛苦占有能量，创造了相同的经济条件，使得身体疼痛不再受到边缘刺激的限制。从身体痛苦到心灵痛苦的过渡，正对应着从自恋式占有到对象占有的转换。深受需求影响的对象观念，正扮演着面临刺激增强威胁的身体部位的角色。占有过程的持续性和必然性，引发了同样的心理无助状态。由此产生的不快感受之所以具有独特的、无法进一步描述的痛苦特征，而不是采用恐惧这种反应形式，是因为另一个我们很少关注的因素在其中起着作用：引发不快感受的过程，伴随着较强的能量占有和连接关系。

我们知道，丧失对象还有另一种情绪反应，那就是悲伤。但这一点其实不难解释。悲伤的出现受到现实考量的影响，它要求人们必须与对象脱离，因为对象本身已不复存在。悲伤的任务是从已经倾注了许多占有能量的对象身上撤离。这种分离的痛苦正可以用我们刚才所说的理论来解释：人们重复各类情形，试图切断和对象的联系。在这个过程中，渴望获得对象的占有能量由于得不到满足而变得越来越强烈。

［全书完］

既难飞至，则必跛行。

圣经有言，跛行无罪。

——摘句

自我与本我

作者 _ [奥] 西格蒙德 · 弗洛伊德　　译者 _ 徐胤

编辑 _ 邵蕊蕊　　装帧设计 _ 杨慧　　技术编辑 _ 丁占旭
责任印制 _ 梁拥军　　出品人 _ 李静

果麦
www.goldmye.com

以 微 小 的 力 量 推 动 文 明

图书在版编目（CIP）数据

自我与本我 / (奥) 西格蒙德・弗洛伊德著；徐胤译. -- 天津：天津人民出版社, 2020.4（2025.9重印）
ISBN 978-7-201-15399-5

Ⅰ. ①自… Ⅱ. ①西… ②徐… Ⅲ. ①精神分析 Ⅳ. ①B84-065

中国版本图书馆CIP数据核字(2019)第218125号

自我与本我
ZIWO YU BENWO

出　　版	天津人民出版社
出 版 人	刘锦泉
地　　址	天津市和平区西康路35号康岳大厦
邮政编码	300051
邮购电话	022-23332469
电子信箱	reader@tjrmcbs.com
责任编辑	张　璐
特约编辑	康嘉瑄
装帧设计	杨　慧
制版印刷	捷鹰印刷（天津）有限公司
发　　行	果麦文化传媒股份有限公司
开　　本	880毫米 × 1230毫米　1/32
印　　张	9.25
印　　数	52, 001-57, 000
字　　数	168千字
版次印次	2020年4月第1版　2025年9月第12次印刷
定　　价	52.00元